孝经

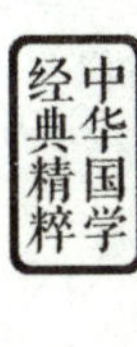

徐艳华 译

北京联合出版公司
Beijing United Publishing Co.,Ltd.

图书在版编目（CIP）数据

孝经 / 徐艳华译 . -- 北京：北京联合出版公司，2015.7（2022.8 重印）

（中华国学经典精粹）

ISBN 978-7-5502-4368-2

Ⅰ . ①孝… Ⅱ . ①徐… Ⅲ . ①家庭道德－中国－古代－通俗读物 Ⅳ . ① B823.1-49

中国版本图书馆 CIP 数据核字（2014）第 313649 号

孝经

作　　者：徐艳华
责任编辑：崔保华
封面设计：颜　森

北京联合出版公司出版
（北京市西城区德外大街 83 号楼 9 层　100088）
北京华夏墨香文化传媒有限公司发行
三河市东兴印刷有限公司印刷　新华书店经销
字数 130 千字　880 毫米 ×1230 毫米　1/32　5 印张
2019 年 5 月第 3 版　2022 年 8 月第 14 次印刷
ISBN 978-7-5502-4368-2
定价：36.00 元

前言

中国文化史上，有这样一本小书，它的篇幅不足两千字，但对两汉以来的古代中国思想产生了巨大的影响，上至一国君主，下至寻常百姓，不但尽人皆知，而且把它当作道德规范和行为准则。这本小书就是《孝经》。

中国人讲“百善孝为先”，“孝”文化是中国优秀的文化传统，孝道思想影响中国几千年，对稳定社会，弘扬先进的社会道德风尚，产生了深远的影响。中国“孝”文化之所以在中国深入人心，与《孝经》的传播密不可分。

作为“儒家十三经”（即《诗经》《尚书》《易经》《周礼》《仪礼》《礼记》《春秋左传》《春秋公羊传》《春秋穀梁传》《论语》《孝经》《尔雅》《孟子》）之一的《孝经》，以简要通俗的文字，阐述了古人视为一切道德根本的孝道。

《孝经》是中国古代儒家的伦理学著作，它

以孝为中心，集中阐释了儒家的伦理思想。它提出孝道好像日月星辰运行于天际永恒不变一样，是上天所定的规范，“夫孝，天之经也，地之义也，人之行也”，并认为孝是诸德之本，“人之行，莫大于孝”。国君可以用孝治理天下，臣民能够用孝立身行世。

与此同时，《孝经》还在中国伦理思想中第一次阐述了“移孝作忠”的思想，将孝敬双亲与忠于君主联系起来，认为“忠”是“孝”的发展和扩大，并把“孝”的社会作用推上新的高度，认为仁爱可以促使社会更加和睦有序，“孝悌之至”能够“通于神明，光于四海，无所不通”，实现天下的和谐。

《孝经》在儒家思想史上把孝提升为社会的政治伦理，对中国古代社会产生了巨大影响。在孔子看来，懂得了孝道，是一切德行的根本。孔子曾说：“吾志在《春秋》，行在《孝经》。”（我的志向是通过《春秋》反映出来的，而我的行为都体现在《孝经》里。）可见，研读《孝经》，有助于我们深入了解儒家思想，并从中提炼出积极的成分，用于发扬我们民族的传统美德。

目录

附录

开宗明义章第一

【主旨】

本章题为“开宗明义”，“开”是提示，“宗”是根本，“义”是义理，可见本章是全部《孝经》的纲领，揭示了《孝经》的宗旨，表明孝道的义理、历代的孝治法则和政教规范。

【原文】

仲尼[①]居，曾子[②]侍。子曰：“先王[③]有至德要道，以顺天下[④]，民用[⑤]和睦，上下无怨。汝知之乎？”曾子避席[⑥]曰：“参不敏，何足以知之？”子曰：“夫孝，德之本也，教之所由生也[⑦]。复坐，吾语汝。身体发肤，受之父母，不敢毁伤[⑧]，孝之始也。立身行道，扬名于后世，以显父母，孝之终也。夫孝，始于事亲[⑨]，中于事君[⑩]，终于立身。《大雅》[⑪]云：‘无念尔祖[⑫]，聿修厥德[⑬]。’”

【注释】

①仲尼：孔子的字。春秋时鲁国人，生于鲁襄公二十二年（前551），卒于鲁哀公十六年（前479），儒家学派的创始人，著名的思想家和教育家。

②曾子：曾参，字子舆，鲁国南武城（今山东临沂市）人，孔子弟子中的七十二贤人之一。

③先王：古代的圣贤帝王，旧注指尧、舜、禹、文王、武王等。

④以顺天下：使天下人心顺从。顺，顺从。

⑤用：因而，由此。

⑥避席：离席而立，古代的一种礼节。席，铺在地上的草席，这里指自己的座位。

⑦教之所由生也：古代有“五教”之说，即教父以义，教母以慈，教兄以友，教弟以恭，教子以孝。在儒家学者看来，孝是一切道德的根本，一切教育的出发点。

⑧毁伤：破坏，毁坏，一般认为见血为伤，亏损为毁。

⑨始于事亲：以侍奉双亲为孝行之始。一说为从幼年时期以侍奉双亲为孝。

⑩中于事君：中，中间，指人的青壮年时期，一说是以为君王效忠、服务为孝行的中级阶段。

⑪《大雅》：这里指《诗经·大雅·文王》。

⑫尔祖：你的祖先。

⑬聿修厥德：《尔雅》中说：“聿，循着，述也。”厥，代词，与“其”相似。

【译文】

一天，孔子在家中闲坐，他的弟子曾参在一旁侍奉。孔子说：“古代的圣德贤王有至高无上的品行，掌握最重要的事物之理，以使天下人心归顺，人民和睦相处。人们无论是尊贵还是卑贱，上上下下都没有怨恨不满的情绪。你知道这是为什么吗？”

曾子听了孔子的话，觉得道理很深，他不觉肃然起敬，离席站起身来向孔子恭敬答道：“学生很鲁钝，不太聪敏，不能知道其中的道理。”

孔子说：“孝，是道德的根本。对百姓的一切教化都是从孝道中产生的。你先坐下来，我慢慢地告诉你。孝道听起来让人觉得范围很广，但做起来并不复杂，你要懂得爱亲，先要从珍惜自己开始。凡是一个人的身体，哪怕一丝头发、一点皮肤，都是父母赐予我们的。既然身体发肤都承受于父母，就应当体念父母对儿女的一片爱心，保全自己的身

体，不敢稍有毁伤，这就是遵从孝道的开始。而修立自身的崇高品质，为众人所景仰，不但可以使自己的名誉传颂于当时，而且可以使其播扬于后世。无论当时和后世都会因敬慕之心推本寻源，也会对他父母教养的贤德大加赞誉。这样，他父母的声名也因儿女的德行而荣耀万千，这便是孝道的完成。这个孝道可分成三个阶段：幼年时期侍奉双亲；到了中年，便外出做官，以此实现自己的抱负，为国家尽忠；最后，扬名显亲，让父母感受到荣耀，这便是立身。这才是孝的圆满的结果。《诗经·大雅·文王》中说：‘怎么能不追念你先祖的德行呢？你要努力去发扬光大祖先的德行。’”

【提示】

按照意思划分，本章共分四段：自“仲尼居”至“汝知之乎”为第一段，孔子给弟子提示出至德要道的重要性，使他领悟到：孝道不只善养父母为孝，治国平天下，才是孝道之远大目标。自“曾子避席”至“吾语汝”为第二段，孔子着重说孝道是道德之本，不是寥寥数语就可以讲说明白的，所以他让曾参坐下来，详细地为他阐述。自“身体发肤”至“终于立身”为第三段，孔子深入浅出地为弟子讲解孝道的内涵。自“大雅”至“聿修厥德”为最后一层，借引《诗经》上的两句话，以周公的话作比，指出人们不但不能忘记祖先的德行，而且要更进一步地发扬祖先的德行，这样做，才算尽到了孝道。

天子章第二

【主旨】

在《孝经》中，对于不同等级的人，有不同的孝道要求，所谓天子之孝、诸侯之孝、卿大夫之孝、士之孝、庶人之孝，合称为“五孝”。本章以及以下四章，分别论说五孝。

天子，指统治天下的帝王。本章说明天子应当尽的孝道，要博爱广敬，感化民众，起到指引天下百姓的作用。

【原文】

子曰①：爱亲者，不敢恶于人②；敬亲者，不敢慢③于人。爱敬尽于事亲，而德教加④于百姓，刑⑤于四海。盖⑥天子之孝也。《甫刑》⑦云：“一人有庆，兆民赖之⑧。”

【注释】

①子曰：今文本，自《天子章》至《庶人章》，

只在最前面用了一个“子曰”，而古文本则每章都以“子曰”起头。

②爱亲者，不敢恶（wù）于人：爱，热爱，博爱，广泛地爱。亲，父母。全句是说天子将对自己父母的亲爱之心（孝心）扩大到天下所有的人的父母。

③慢：轻慢，傲慢。

④德教：用道德加以教化。加：施行。

⑤刑：通“型”，典范。

⑥盖：句首语气词，无意义。

⑦《甫刑》：本作《吕刑》，《尚书》的篇的别名。吕，指吕侯。据说，周穆王命吕侯为司寇，吕侯则以周穆王的名义发布赎刑之法，并公布于天下。吕侯后来改封甫侯，因此，该篇又称《甫刑》。

⑧一人有庆，兆民赖之：人，指天子。商、周时期，商王、周王都自称“予一人”，意思是我也是一个普通的人。庆，善。有庆，指天子有了爱敬父母的事实。兆民，极言民众数目之多。

【译文】

孔子说：“天子能够亲爱自己的父母，也一定不会嫌恶天下人的父母；能够尊敬自己的父母，就不会轻慢别人的父母。天子能一心一意地尽力侍奉自己的父母，并以强烈感召力来对民众进行道德教化，成为天下人效法的典范。这就是天子的孝道啊！《甫刑》里说：‘如果天子爱自己的父母，就能感召和教化臣民。广大民众信赖他，国家便能在他的统治下实现太平与繁荣。’”

【提示】

本章共分三段：自“子曰”至“不敢慢于人”为第一段，是说天子之孝，要心胸广博，推己及人。自“爱敬尽于事亲”至“盖天子之孝也”为第二段，是说德教的作用和速度可以影响天下民众。最后一句为第三段，引用《诗经》中的两句话，指出天子是万民之首，其一言一行是百姓的表率，如能实行孝道，尽心尽力地敬重关爱他的父母，则上行下效，全国的民众都会争着敬爱他们自己的父母，而且会更敬爱他们国家的天子。

诸侯章第三

【主旨】

诸侯是指天子所分封的诸侯国的国君。西周开国时，周天子曾依亲疏与功勋分封诸侯，有公、侯、伯、子、男五等爵位，可以世袭。本章是讲诸侯的孝道，强调地位仅次于天子的诸侯，孝道关键在于戒惧，即任何时候“在上不骄，高而不危，制节谨度，满而不溢”，这是诸侯孝道的基本条件。这样做才能深得人心，保住社稷。

【原文】

在上不骄，高而不危；制节谨度①，满而不溢②。高而不危，所以长守贵也。满而不溢，所以长守富也。富贵不离其身，然后能保其社稷③，而和其民人。盖诸侯之孝也。《诗》④云：“战战兢兢，如临深渊，如履薄冰。”⑤

【注释】

①制节：指节约有度，生活俭朴。谨度：指行

为举止合乎法度，不可有所僭（jiàn）越。

②满：指财富充足，国库充盈。溢：过分，这里指生活奢侈，浪费无度。

③社稷：社指祭祀土神的地方，也指土神。稷为五谷之长，是谷神。土地与谷物被视为国家的根本，古人非常重视，立国必先祭社稷之神，因而，“社稷”便成为国家的代称。只有天子或诸侯有祭祀社稷的资格。

④《诗》：即《诗经》。汉代以前《诗经》被称为《诗》，汉武帝尊崇儒术，重视儒家著作，才加上“经”字，称为《诗经》。

⑤“战战兢兢”三句：语出《诗经·小雅·小旻（mín）》，据说是大夫为讽刺周幽王而作的。

【译文】

身为诸侯，位于众人之上而不自高自大，就不会有倾覆的危险；生活俭朴，谨慎地施用法度，即使国库再丰盈也不会造成奢侈浪费。身居高位也不会出现危险，就能长久地守住自己的尊贵地位；国库充裕却不挥霍无度，就能够长久地保有自己的财富。尊贵与财富都在的话，才能保住诸侯自身乃至家国的安全，并且使封地的百姓和睦相处。这大概就是诸侯的孝道吧！《诗经·小雅·小旻》中说："人要随时保持恐惧和戒慎的心态，战战兢兢地就像处在深水潭边，恐怕坠落一样，像脚踩在薄冰之上害怕陷下去那样，小心谨慎地处事。"

【提示】

本章共分四段：自"在上不骄"至"满而不溢"为第一段，指出诸侯孝道重点所在。诸侯上奉天子之命管辖封地的民众，下受百姓的拥戴，服从天子，一国的所有重要事务，都由他处理。处于这样的重要地位，极容易凌上慢下，那样一来，不是天子猜忌他过于位高权重，有篡位之心，就是民众怨恨他刻薄寡恩，置百姓于水火。那样，他危险的日期就快到了。如果能保持清醒自持的态度处理一切事务，那么他对上可以替天子管理事务，对下可以使百姓安居乐业，国家昌盛繁荣。这样一来，他自然可以保住自己的高位，而不至于倾覆。自"高而不危"至"长守富贵"为第二段，说明"不危不溢"，"长守富贵"，是诸侯所应坚持的长久之计。自"富贵不离其身"至"盖诸侯之孝也"为第三段，说明诸侯遵循孝道的效果。引《诗经》的句子为最后一层，表明保持谨慎才是诸侯尽孝的真正要道。

卿、大夫章第四

【主旨】

卿、大夫作为天子或诸侯的辅佐官员，地位虽然低于诸侯，但作为全国行政的枢纽，对国家的意义也很重大。所以本章讲卿、大夫的孝道，特别强调他们在言语上、行动上、服饰上都要合于礼法，示范民众，起到引领的作用，才能守住宗庙社稷。

【原文】

非先王之法服[①]不敢服，非先王之法言[②]不敢道，非先王之德行[③]不敢行。是故非法不言[④]，非道不行[⑤]；口无择言，身无择行[⑥]。言满天下无口过[⑦]，行满天下无怨恶。三者备矣[⑧]，然后能守其宗庙[⑨]。盖卿、大夫之孝也。《诗》云："夙夜匪懈，以事一人。"[⑩]

【注释】

①法服：按照礼法制定的服装。古代服装在式

样、颜色、花纹（图案）、质料等方面，不同的等级、不同的身份，有不同的规定。卑者穿着尊者的服装，叫“僭上”；尊者穿着卑者的服装，叫“偪（逼）下”。

②法言：合乎礼法的言论。

③德行：合乎道德规范的行为。一说指“六德”，即仁、义、礼、智、忠、信。

④非法不言：不符合礼法的话不说，言必守法。

⑤非道不行：不符合道德的事不做，行必遵道。

⑥“口无”二句：张口说话无须斟酌措辞，行动举止无须考虑应当怎样去做。

⑦言满天下无口过：虽然言谈传遍天下，但是天下之人都不觉得有什么过错。满，充满，遍布。口过，言语的过失。

⑧三者备矣：三者，指服、言、行，即法服、法言、德行。

⑨宗庙：祭祀祖宗的屋舍。《释名·释宫室》有言：“庙，貌也，先祖形貌所在也。”

⑩“夙夜”二句：语出《诗经·大雅·烝民》。夙，早。匪，通“非”。懈，怠惰。一人，指周天子。原诗赞美周宣王的卿大夫仲山甫，从早到晚，毫无懈怠，尽心竭力地侍奉宣王一人。

【译文】

卿、大夫不是先王所制定的合乎礼法的衣服不敢穿在身上；不是先王所作《诗》《书》之类合乎礼法的言语，不敢说出口；不是先王实行的道德准则和行为，绝不敢做出来。因此，卿、大夫从不敢乱说不合乎礼法的话，不做不合乎礼法道德的行为，讲出的话是经过深思熟虑合乎礼义的，自己的行为自然得体从不会越轨。无论在什么场合所说的话，都不会出现错误；所做的事从来不会遇到怨恨和厌恶。衣饰、语言、行为这三点都能做到合乎礼法，充分遵循先代圣明君王的礼法准则，守住祭祀祖宗的宗庙，也就守住了自身的地位。这就是卿、大夫的孝道吧！《诗经·大雅·烝民》中说："卿、大夫要早起晚睡，尽心尽力地侍奉天子，不敢有所怠慢。"

【提示】

本章共分四段：自"非先王之法服"至"不敢行"为第一段，从服饰、言语、行动三个方面说明卿大夫应特别注意的事项。自"是故非法不言"至"无怨恶"为第二段，阐述言行是三者之中的重中之重，加以着重申明。自"三者备矣"

至“盖卿、大夫之孝也”为第三段，说明三者兼备，才能长久保住宗庙祭祀之礼。引《诗经》诗句为第四段，再次证明和重申卿、大夫遵守自身孝道的重要性。

士章第五

【主旨】

士，属于国家的低级官员，地位在卿大夫之下，庶人之上。此处论士人之孝，强调事君尽忠的责任。本章阐释士应奉行的孝道，强调第一要尽忠职守，第二要尊敬长上，发挥自己的作用，为君、卿大夫所用。

【原文】

资①于事父以事母，而爱同；资于事父以事君，而敬同。故母取其爱，而君取其敬，兼之者父也②。故以孝事君则忠，以敬事长③则顺。忠顺不失④，以事其上，然后能保其禄位，而守其祭祀⑤。盖士之孝也。《诗》云："夙兴夜寐，无忝尔所生。"⑥

【注释】

①资：取。

②兼之者父也：指侍奉父亲，兼有爱心和敬

心。兼，同时具备。

③长：上级，长官。唐玄宗注：“移事兄敬以事于长，则为顺矣。”

④忠顺不失：指在忠诚与顺从两个方面都做到没有缺点、过失。

⑤而守其祭祀：刘炫认为：“上云宗庙，此云祭祀者，以大夫尊，详其所祭之处；士卑，指其荐献而说，因等差而详略之耳。”

⑥“夙兴”二句：语出《诗经·小雅·小宛》。兴，起，起来。寐，睡。忝，辱。尔所生，生你的人，指父母。

【译文】

士人尽孝，要以侍奉父亲的爱戴之心去侍奉母亲，使母亲也感到与父亲同样的关心与爱戴；要用侍奉父亲的心情去侍奉国君，使国君也感受到为人父者所受的崇敬。因此，以爱戴之心侍奉母亲，以尊崇之心侍奉国君，而二者兼而有之的是对待父亲。因此，士人将对待父亲的孝道用来侍奉君王，就能做到忠诚和竭尽全力，用尊敬之道对待上级时则会顺从。能做到忠诚、顺从地侍奉君主和上级，既能保住自己的俸禄和职位，也能守住祭祀祖先的宗庙。这就是士人的孝道吧！《诗经·小雅·小宛》中说：“要早起晚睡地去做，不要使生养你的父母为你感到羞耻。”

【提示】

本章可分为五段：自“资于事父”至“而敬同”为第一段，说明把孝道转化成忠诚的本源。自“故母取其爱”至“兼之者父也”为第二段，阐述对父亲的爱是爱戴与崇敬兼而有之。自“故以孝”至“则顺”为第三段，说明“忠”和“顺”两个字的内涵及道理。自“忠顺不失”至“盖士之孝也”为第四段，说明士的孝道，以保持“忠顺”二字为主要条件。最后引用《诗经》诗句为第五段，说明要勤恳不懈，尽忠职守，不要让父母为自己蒙耻。

庶人章第六

【主旨】

本章中，孔子讲了一般劳动者应尽的孝道。作为国家社会组织的基础，庶人在上古一般指农业劳动者。《孝经》为不同等级的人规定不同内容的“孝”，《礼记·祭统》中曾概括“五孝”：“天子之孝曰就，诸侯曰度，大夫曰誉，士曰究，庶人曰养。”又指出：“五孝不同，庶人但取畜养而已。”由此可见，对庶人之孝有所鄙视。

【原文】

用天之道[①]，分地之利[②]，谨身节用，以养父母。此庶人之孝也。故自天子至于庶人，孝无终始[③]，而患不及者，未之有也[④]。

【注释】

①天之道：指春、夏、秋、冬季节变化等自然规律。按时令变化安排农事，则春生、夏长、秋收、冬藏。

②分地之利：指应当分别情况，因地制宜，种植适宜当地生长的农作物，以获取地利。

③孝无终始：指孝道的义理非常广大。从天子到庶人，不分尊卑，无终无始，永恒存在。不管是谁，在“行孝”这一点上都是一致的。

④未之有也：没有这样的事情。即孝行是人人都能做得到的。

【译文】

利用季节变化的自然规律，充分分辨土地的好坏和适应情况来获得最大的收益，行为谨慎，节省俭约，以此来赡养父母，这就是普通老百姓的孝道了。因此，上至天子，下至普通百姓，不论是尊贵者还是卑微者，孝道是无始无终，永恒存在的，有人还担心自己不能做到孝，那是不可能的。

【提示】

本章共分三段：“用天之道”二句为首段，说明遵循自然规律，取法于天，获利于地，靠劳动得到收获。自“谨身节用”至“此庶人之孝也”为第二段，说明谨慎自身，勤俭节俭，以养父母，才算尽了孝道。自“故自天子至于庶人”至“未之有也”为第三段，总结前面讲述的“五孝”。总而言之，孝道本没高低贵贱之分，也无始终的界定。每个人都应该在自己的社会角色里，尽其应尽的责任，大至为国为民，小到保全自身，都算尽了自身的孝道。

三才章第七

【主旨】

三才，指天、地、人。在本章中因曾子赞美孝道的广大，所以孔子更进一步给他讲解孝道的本源。

【原文】

曾子曰："甚哉，孝之大也！"子曰："夫孝，天之经①也，地之义②也，民之行③也。天地之经，而民是则④之。则天之明⑤，因地之利⑥，以顺天下⑦。是以其教不肃⑧而成，其政不严而治。先王见教⑨之可以化民也，是故先之以博爱，而民莫遗其亲；陈之以德义，而民兴行。先之以敬让，而民不争⑩；导⑪之以礼⑫乐⑬，而民和睦；示之以好⑭恶，而民知禁。《诗》云：'赫赫师尹，民具尔瞻。'"⑮

【注释】

①天之经：孝道是天之道。天空中日月星辰永

远有规律地运行，孝道也是如此，是永恒的道理。经，指永恒不变的道理和规律。

②地之义：孝道又如地之道。

③民之行：孝道是人最根本、最重要的品行。

④则：效法，作为准则。

⑤天之明：指天空中的日月星辰。日月星辰的运行是有规律的，永恒的，可以成为人民效法的典范。

⑥地之利：指大地孕育万物。

⑦以顺天下：这里是说圣王把天道、地道、人道融会贯通，用以治理天下，天下自然人心顺从。顺，治理好。

⑧肃：指严厉的统治方法。

⑨教：指合乎天地之道，合乎人性的教化。

⑩不争：指不为了获得利益、好处而争夺、争抢。

⑪导：引导。

⑫礼：礼仪，指处理人际关系的准则及对社会行为的各种规范。

⑬乐：音乐。

⑭好（hǎo）：善。

⑮“赫赫”二句：语出《诗经·小雅·节南山》。

【译文】

曾子说：“真的很了不起！孝道太博大精深了呀！”

孔子说：“孝道犹如天上太阳、月亮、星辰有规律地运行，地上的万物自然生长，符合大地万物运行准则，乃是符合人类根本首要的品行。天地有其自然法则，人类以天地运行的法则为自己行为的法则，实行孝道是为了遵循它。效法上天永恒不变的规律，利用大地自然四季中的变化，顺应自然的规律而对天下民众施以教化。这样做，国家的教化不用严厉惩罚就可成功，政治不用严苛地推行就能得以治理。像夏禹、商汤这些从前的贤明君主，发现通过教育可以感化民众，所以他们首先实施仁爱，人民才不会遗弃自己的亲人；向人民说明道德、礼义，民众都自动地讲道德、行义举；又率先以恭敬和谦对人，于是人民纷纷效法而不争斗；用礼仪和音乐引导和影响社会，人民就和睦相处；以行为表现出提倡什么，反对什么，人民就知道哪些事情不该做，而不会犯法了。《诗经·小雅·节南山》中说：‘负责教化的太师尹氏威严而显赫，人民都仰望着你。’”

【提示】

本章共分四段：自“曾子曰”至“民之行也”为第一段，即把孝道的本源讲给曾子听。道的本源，是顺乎天地，应乎民心的。自“天地之经”至“不严而治”为第二段，讲到把孝道作为天子教化民众的准则，一方面教化易于推行，另一方面对于政治也有非常大的帮助。自“先王见教”至“而民知禁”为第三段，说明孝道有如此神奇的作用，所以古代圣贤君主以身作则，率先垂范。引用诗句为第四段，表明一些身居高位的卿大夫如果能做到身体力行，就会被民众景仰，何况天子呢？

孝治章第八

【主旨】

本章是说天子、诸侯、大夫若能尊重规律，用孝道治理天下，就能顺应民意，而顺应民意，才是孝治的本意。

【原文】

子曰："昔者明王之以孝治天下也，不敢遗小国之臣[①]，而况于公、侯、伯、子、男[②]乎？故得万国[③]之欢心，以事其先王[④]。治国者[⑤]，不敢侮于鳏寡[⑥]，而况于士民乎？故得百姓之欢心，以事其先君[⑦]。治家者[⑧]，不敢失于臣妾[⑨]，而况于妻子乎？故得人之欢心，以事其亲[⑩]。夫然，故生则亲安之[⑪]，祭则鬼[⑫]享之，是以天下和平，灾害不生，祸乱不作。故明王之以孝治天下也如此[⑬]。《诗》云：'有觉德行，四国顺之。'"[⑭]

【注释】

①小国之臣：指小国派来的使臣。因为小国的

使臣常常被疏忽怠慢，贤明的君王对他们都礼遇和关注，各国诸侯来朝见天子受到的款待就更加隆重了。

②公、侯、伯、子、男：周朝分封诸侯的五等爵位。

③万国：指天下所有的诸侯国。万，泛指多。

④先王：指已去世的父祖。

⑤治国者：指诸侯。

⑥鳏（guān）寡：出自《孟子·梁惠王下》："老而无妻曰鳏，老而无夫曰寡。"后代通常称丧妻者为鳏夫，丧夫者为寡妇。

⑦先君：指诸侯已故的先辈。这是说百姓都来参加对先君的祭奠典礼。

⑧治家者：指卿、大夫。

⑨臣妾：指家内的奴隶，男性奴隶曰臣，女性奴隶曰妾。泛指卑贱者。

⑩以事其亲：这是说，卿、大夫因为能得到妻子、儿女，乃至奴仆、妾婢的拥戴，所以全家上下都协助他奉养双亲。

⑪生则亲安之：生，活着的时候。安，使之安乐、安宁、安心。之，指父母。

⑫鬼：指已去世的父母的灵魂。

⑬如此：指"天下和平"等福应。

⑭“有觉”二句：语出《诗经·大雅·抑》。意思是，天子有崇高的德行，四方各国都顺从他的教化，归服他的统治。觉，大。四国，四方之国。

【译文】

孔子说：“古代圣明的天子是以孝道治理天下的，即便是地位极为卑微的小诸侯国的臣属来朝见，都给予有礼节的接待，更何况是公、侯、伯、子、男五等诸侯。这样做会得到各诸侯国臣民的欢欣拥戴，使他们主动到宗庙助祭历代的先王。在天子的感召和影响下，治理一个封国的诸侯，即便是对失去妻子的男人和守寡的女人也不敢有所轻慢，更何况对有身份的士与臣民百姓，所以会深得民心，使他们帮助诸侯祭祀祖先。卿大夫即便对臣仆婢妾也不失礼，更何况对他的妻子和儿女，所以会得到众人的拥戴，使他们乐意侍奉自己的父亲。正因为如此，天下的父母双亲在世时才能安乐地生活，去世后受子女家人祭祀供奉，因此天下和睦太平，风调雨顺，不出现神降之祸和犯上之乱。圣明的君王以孝道治理天下，就会像上面所讲述的景象了。《诗经·大雅·抑》中说：‘天子有崇高的道德和正义的行为，天下都被其教化，四方都会归顺他。’”

【提示】

本章共分五段：自“子曰”至“以事其先王”为第一段，自“治国者”至“以事其先君”为第二段，自“治家者”至“以事其亲”为第三段，分别说明天子、诸侯、卿、大夫及士庶人都应该怎样尽孝。自“夫然”至“也如此”为第四段，说明圣贤君主以孝治天下的最大效验。最后引《诗经》诗句为第五段，以证明天子有了高尚的德行，四方都臣服归顺。

圣治章第九

【主旨】

本章是曾子听到孔子讲贤明的君主以孝治天下则很容易实现天下和睦以后，问圣人之德是否有更大于孝的。孔子因他的发问而说明圣人以德治天下，没有再比孝道更大的了。孝治主德，圣治主威，德威并重，方成圣治。

【原文】

曾子曰：“敢[①]问圣人之德，无以加于孝乎？”子曰：“天地之性[②]，人为贵。人之行，莫大于孝。孝莫大于严父，严父莫大于配天[③]，则周公其人也[④]。昔者，周公郊祀后稷[⑤]以配天，宗祀文王[⑥]于明堂，以配上帝。是以四海之内，各以其职[⑦]来祭。夫圣人之德，又何以加于孝乎？故亲生之膝下[⑧]，以养父母日严[⑨]。圣人因严以教敬[⑩]，因亲以教爱。圣人之教，不肃而成，其政不严而治，其所因者本也。父子之道，天性也，君臣之义也。父母生之，续[⑪]莫大焉。君亲临之，厚莫重焉[⑫]。

故不爱其亲而爱他人者，谓之悖德[13]；不敬其亲而敬他人者，谓之悖礼。以顺则逆[14]，民无则焉[15]。不在于善，而皆在于凶德，虽得之，君子不贵也。君子则不然，言思可道，行思可乐，德义可尊，作事可法，容止可观，进退可度，以临其民。是以其民畏而爱之，则而象之。故能成其德教，而行其政令。[16]《诗》云：'淑人君子，其仪不忒。'"[17]

【注释】

①敢：谦辞，冒昧的意思。

②性：指性命，生灵，生物。

③配天：根据周代礼制，每年冬至要在国都的郊外祭祀上天，并附带祭祀父祖先辈，这就叫作以父配天之礼。配，是指祭祀时在主要祭祀对象之外，附带祭祀的其他对象，称为"配祀"或"配享"。

④则周公其人也：以父配天之礼，始于周公。周公，姓姬，名旦，文王的儿子、武王的弟弟、周成王的叔叔。

⑤后稷：名弃，为周人始祖。

⑥文王：姓姬，名昌，商时为西伯，能行仁义，礼贤者，敬老慈少，从而使国家逐渐强大，为日后周武王灭商奠定了基础。

⑦职：职位。这是说海内诸侯，各按职位，进贡财物特产，趋走服务，帮助完成祭祀典礼。

⑧故亲生之膝下：这是说子女对父母的爱在幼年时期自然天成。

⑨日严：尊敬的情感日益增加。

⑩因严以教敬：指圣人以人的自然天性中的尊父之心为根本，加以教育培养，使之升华为理性的敬。

⑪续：指继先传后。这是说父母生下儿子，使儿子得以继承父母，如此连续不绝。

⑫君亲临之，厚莫重焉：是说父亲对儿子，具有国君与父亲的双重意义的身份，既有君主的尊严，又有父亲的亲情，在人伦关系中，厚重莫过于此。

⑬悖（bèi）德：违背常识的道理、道德。悖，违背。

⑭以顺则逆：是“以之顺天下则逆”的省略，指如果用悖德和悖礼来教化人民，治理天下，就会使一切颠倒错乱。

⑮民无则焉：人民失去可效法的，变得无所适从。

⑯“是以”二句：敬畏君王的威严，爱戴君王的美德，以君王为楷模，仿效君王的言行。

⑰“淑人”二句：语出《诗经·曹风·鸤鸠》。淑，美好。仪，仪表。忒，差错。

【译文】

曾子说："我冒昧地请问，圣人的德行还有比孝道更大的吗？"孔子说："人是天地万物之中最为尊贵的。人类的行为，没有比孝道更为重大的了。孝道中，没有比敬重自己的父亲更重要的了，而敬重父亲没有比在祭天的时候，将祖先配祀上天更为重要的了，周公旦就能够做到这一点。当初，周公在郊外祭天的时候，把他的始祖后稷配享；在明堂祭祀五帝时，又把自己的父亲文王配祀天帝。因为他这样做，所以天下诸侯无论远近，都前来协助他的祭祀活动。可见圣人的德行，又有什么能超出孝道之上呢？子女对父母的敬爱，在孩童时期就产生了，待到逐渐长大成人，则更加尊崇父母。圣人就是依据这种子女对父母尊敬的天性，教导人们对父母孝敬；又因为子女对父母天生的亲情，教导他们爱的道理。圣人的教化之所以不用严厉地推行就可以被人接受，圣人对国家的管理不采用严厉粗暴的方式就可以治理好，是因为他们尊重孝道这一自然存在的法则。父亲与孩子的亲情，是出于人类天生的本性，君主与臣属之间的义理关系也如此。父母生下子女，再传宗接代，这是孝道中最重要的；对于子女而言，父亲既有亲情，又像君王一样威严，其施恩于子女，在人伦关系中，没有比这样的爱更厚重的了。所以那些不知敬爱自己的父母反而去敬爱别人的行为，是违背道德的；不尊敬自己的父母而尊敬别人的行为，是违背礼法的。自己悖德悖礼，还想教化民众，人民就无从效法了。不在孝道上下功夫，相反凭借违背道德礼法的行为，即使一时得志，也是为君子所鄙夷、厌恶的。君子就不会这样做，他们说话要考虑到让人们所称道奉行；他们做事必须想到可以给人们带来欢乐；他们立德行义，能使人民为之尊敬；他们制定制度，要能使人民能够效法；他们的容貌举止，皆合规矩；他们的一进一退，都不越礼违法。君子以这样的作为来治理国家，统治百姓，所以民众尊重和爱戴他们，并学习效仿他们的作为。所以君子能够成就其德治教化，顺利地推行其法规和命令。《诗经·曹风·鸤鸠》中说：‘善人君子，其容貌举止丝毫不差。’”

【提示】

从“曾子曰”到“莫大于孝”为第一段，说明人的行为莫大于孝。从“孝莫大于严父”到“则周公其人也”为第二段，说明尊父配天行为的创始。

从“昔者，周公郊祀后稷以配天”到“又何以加于孝乎”为第三段，说明先贤遵守与践行孝道的虔诚与隆重。从“故亲生之膝下”到“其所因者本也”为第四段，说明尊重孝道的前提下，政教推行之易。从“父子之道”到“厚莫重焉”为第五段，说明父子的关系。从“故不爱其亲而爱他人者”到“君子不贵也”为第六段，说的是悖德悖礼的人，虽一时得意，也为君子鄙夷。从“君子则不然”到“而行其政令”为第七段，讲述君子的作风合乎法度。可以示范民众。引用《诗经》诗句为第八段，证明威仪的重要性。

纪孝行章第十

【主旨】

本章讲的是平日的孝行，有五项正确的，有三项不应去做的，分别列出，以勉励众人。

【原文】

子曰："孝子之事亲也，居①则致其敬，养②则致其乐，病则致其忧③，丧④则致其哀，祭则致其严⑤，五者备矣，然后能事亲。事亲者，居上不骄，为下不乱，在丑⑥不争。居上而骄则亡，为下而乱则刑，在丑而争则兵。三者不除，虽日用三牲⑦之养，犹为不孝也⑧。"

【注释】

①居：平日家居。

②养：奉养，赡养。

③致其忧：充分地表现出忧伤焦虑的心情。

④丧：指父母去世，办理丧事的时候。

⑤祭则致其严：祭祀时表现出虔诚和严肃。

《礼记·祭义》说，祭祀时事死如生，“入室，僾然（微微）必有见乎其位；周还出户，肃然必有闻乎其容声；出户而听，忾然必有闻乎其叹息之声”。

⑥在丑：指处于低贱地位的人。丑，众，卑贱的人。

⑦三牲：牛、羊、猪。旧俗一牛、一羊、一猪称为“太牢”，是最高等级的宴会或祭祀的标准。这里说每天杀牛、羊、猪三牲来奉养父母，是极而言之的说法，以说明极为孝顺。

⑧犹为不孝也：如果不能去除前面所说的三种行为：“居上而骄”“为下而乱”“在丑而争”，那么都将造成生命危险，使父母忧虑担心，因此，这样的人就不能算作孝子。

【译文】

孔子说：“作为孝子，侍奉父母，在日常家居的时候要竭尽恭敬；在饮食的奉养上，要保持和悦愉快的心情；父母生病，要带着忧虑的心情去细心照料；父母去世了，要竭尽悲哀之情料理后事；要严肃对待对先人的祭祀，做到礼法不乱。这五个方面做得完备周到，方可称为对父母尽到了子女的责任。侍奉父母双亲，就算身居高位也不骄傲蛮横，就算身居下层也不为非作乱，在民众中间和顺相处，不与人相斗。身居高位而骄傲自大者势必招致灭亡，在下层而为非作乱者免不了遭受刑罚，和人发生争斗则会引起相互残杀。骄、乱、争这三种恶事不戒除，即便天天用牛、羊、猪三牲的肉食尽心奉养父母，仍然是个不孝之人啊！”

【提示】

本章共分两段：从“子曰”到“然后能事亲”为第一段，从“事亲者”到“犹为不孝也”为第二段。第一段讲君子“居致敬”“养致乐”“病致忧”“丧致哀”“祭致严”的五项行为准则，指出“顺”的道理。第二段讲“居上骄”“为下乱”“在丑争”，指出“逆”的行为。遵从顺的是最完全的孝子。走上逆道的，自然受到惩罚，得到不幸的结果。

五刑章第十一

【主旨】

本章是因前章所讲的纪孝行，现实中的人们分别走上了两条道路，走到敬、乐、忧、哀、严的道路，就是正道而行的孝行。走到骄、乱、争的道路，就是背道而驰的逆行。所以就接着上章所讲的内容告诉曾子，说明违反孝行，应受法律制裁，使人有所警惕，而不敢犯法。这里所讲的五刑之罪，莫大于不孝，就是讲明刑罚的森严可怕，以引导世人走上孝道的正途。

【原文】

子曰：“五刑之属三千①，而罪莫大于不孝②。要君者无上③，非圣者无法④，非孝者无亲⑤。此大乱之道也。”

【注释】

①五刑之属三千：指应当处以五种刑法的罪行共有三千条。

②罪莫大于不孝：在应当处以五种刑法的三千条罪行之中，最严重的罪行莫过于不孝。

③要（yāo）：以暴力威胁。无上：藐视君长。

④非：责难反对。无法：藐视法纪，即反对或破坏法纪。

⑤无亲：藐视父母，即对父母没有敬重、亲爱之心而为非作歹。

【译文】

孔子说："应当处以五种刑法的罪行有三千条之多，但没有比不孝的罪过更大的了。用武力胁迫君主的人，是眼中没有君主的存在；诽谤圣人的人，是眼中没有法纪；对行孝的人不恭敬，是眼中没有父母。这三种人的行径，是天下大乱的根源。"

【提示】

本章分两段：从"子曰"到"而罪莫大于不孝"为第一段，说明刑罚制裁不孝之罪。从"要君者无上"到"此大乱之道也"为第二段，说明希望世人不要走上"无上""无法""无亲"的邪路。

广要道章第十二

【主旨】

在第一章中，孔子提出“先王有至德要道”，在本章中加以具体说明，论述为什么称孝道为天下最重要、最根本的道德。

【原文】

子曰：“教民亲爱，莫善于孝。①教民礼顺，莫善于悌。②移风易俗③，莫善于乐④。安上治民，莫善于礼⑤。礼者，敬而已矣。故敬其父，则子悦；敬其兄，则弟悦；敬其君，则臣悦；敬一人⑥，而千万人⑦悦。所敬者寡，而悦者众。此之谓要道矣。”

【注释】

①“教民亲爱”二句：孔子认为，孝道就是敬爱自己的父母，进而推及敬爱别人的父母，人民之间就能亲爱和睦。

②“教民礼顺”二句：悌，就是敬重并服从自

己的兄长，由此进而推及敬重并服从其他长上，天下人之间就能有礼。

③移风易俗：改变旧的不良风俗习惯，树立新的、合乎礼教的风俗习惯。

④莫善于乐：儒家学者认为，音乐生于人情人性，通于伦理道德，因此，君王可以利用音乐使风气得到转换，引导人民接受新的风俗习惯。

⑤莫善于礼：儒家学者认为，礼可以“正君臣父子之别，明男女长幼之序”，起到维护社会固有的秩序和等级制度的作用。

⑥一人：指父、兄、君，即受到尊敬的人。

⑦千万人：指子、弟、臣。千万，只是举其大数而已。

【译文】

孔子说：“国君教育人民相亲相爱，没有比国君自己行孝道更好的方法了。教育人民礼貌和顺，没有比自己服从自己的兄长更好的方法了。想改善社会风气、改变旧的习惯制度，没有比用音乐去陶冶感化更好的方法了。想使君主安心，人民驯服，没有比用礼教办事更好的方法了。所谓的礼，就是敬爱。尊敬他的父亲，儿子就会喜悦；尊敬他的兄长，弟弟就愉快；尊敬他的君主，臣下就高兴。国君其实只敬爱一个人，就能使千万人感到高兴。国君所尊敬的对象虽然只是少数，但为之喜悦的人有千千万万，这就是我所说的孝道是天下最重要的道德啊！”

【提示】

本章共分两段：从“子曰”到“莫善于礼”为第一段，指出要道具体的实行方法。从“礼者”到“此之谓要道矣”为第二段，说明要道实行的效验。

广至德章第十三

【主旨】

本章把至德的意义简明扼要地提出来，使执政的人知道至德要怎样去实行。与上章的致敬可以悦民相对，本章是说教民所以致敬。

【原文】

子曰："君子之教以孝也，非家至而日见之[①]也。教以孝，所以敬天下之为人父者也。[②]教以悌，所以敬天下之为人兄者也。教以臣，所以敬天下之为人君者也。[③]《诗》云：'恺悌君子，民之父母。'[④]非至德，其孰[⑤]能顺民，如此其大者乎！"

【注释】

①家至：到家，即挨门挨户地走。日见之：天天见面，指当面教人行孝。

②"教以孝"二句：君子以身作则，行孝悌之道，为天下做人子的做了表率，使他们都知道应该敬

重父兄。

③“教以臣”二句：天子通过祭祀行礼，做出尊敬君长、当好人臣的表率，使天下人效法。

④“恺悌”二句：语出《诗经·大雅·泂酌》。据说原诗是西周召康公为劝勉成王而作。恺悌，和乐安详，平易近人。

⑤孰：谁。

【译文】

孔子说：“君子教化民众，并不需要挨家挨户去推行，也不是天天当面教导别人怎么去行孝，而是通过自己的孝道感召其他人。君子教人行孝道，是为了让天下做父亲的人都能得到尊敬。教人以长幼之道，是让天下做兄长的人都能受到尊敬。教人为臣之道，是让君主能够受到尊敬。《诗经·大雅·泂酌》中说：‘和善安详、平易近人的君子，是民众尊重的父母。’如果不是具有至高无上的德行，他怎么能顺应民心而有如此伟大的功绩呢？”

【提示】

本章共分两段：从“子曰”到“所以敬天下之

为人君者也”为第一段，说明“广至德”的本义。引用《诗经》诗句为第二段，佐证前面所述观点。本章重点希望执政的人实行至德的教化，感化民众，顺利推行政治。

广扬名章第十四

【主旨】

第一章中提出“立身行道，扬名于后世”，本章进一步阐述其义理。孔子既把至德要道分别讲解得清清楚楚，又具体地提出了移孝作忠、扬名显亲的办法。

【原文】

子曰：“君子之事亲孝，故忠可移于君①；事兄悌，故顺可移于长②；居家理，故治可移于官③。是以行成于内④，而名立于后世⑤矣。”

【注释】

①“君子”二句：儒家学者“移孝作忠”的理论，即以侍奉父母之心对待君主，则可以对国君忠诚。

②“事兄”二句：恭敬地对待兄长，则必能把这种敬重移作对上司的和顺。

③“居家”二句：指家务、家政管理得好，就能把管理家政的经验移于做官，管理好国家的事务。

④行：指孝、悌、善于理家三种优良的德行。内：家中。

⑤名立于后世：由于在家中养成了美好的品德，在外必能成为天子的忠臣，成为和顺可靠的部下，成为善于治理一方的官员。这样就能做到扬名于后世。立，树立。这里指名声长远地流传。

【译文】

孔子说：“君子在家中侍奉父母能竭尽全力，就能把对父母的孝心转移为对国君的忠心；君子在家对待兄长能尽悌道，就能把这种恭敬之心转移为对前辈或上司的和顺；君子在家里能处理好家务，使家庭和睦，就可以把理家的道理转移为做官治理国家，使一方安定。因此可以说，能够在家里尽孝悌之道、治理好家政的人，就能在社会中建功立业，使自己的名声传扬于后世。”

【提示】

本章共分四段：每一句为一段，第一段说明移孝可以为忠。第二段说明移悌可以事长。第三段说明治家者必能治国。第四段，讲明贯彻孝道，是由内达外，由近及远，由现在到将来的过程，努力提升自己的德行，才能使名声传扬于后世。

谏诤章第十五

【主旨】

本章还是在讲孝道，但与前面不同，前面都在说“顺”，而这一章是讲“逆”，讲明为臣子的应该勇于谏诤于君亲。君亲有了过失，就应当力行谏诤，以免让君亲陷于不义。

【原文】

曾子曰：“若夫[①]慈爱、恭敬、安亲、扬名，则闻命矣。敢问子从父之令，可谓孝乎？”子曰：“是何言与[②]！是何言与！昔者，天子有争臣七人[③]，虽无道，不失其天下；诸侯有争臣五人[④]，虽无道，不失其国，大夫有争臣三人[⑤]，虽无道，不失其家；士有争友，则身不离于令名[⑥]；父有争子，则身不陷于不义。故当不义，则子不可以不争于父；臣不可以不争于君；故当不义则争之。从父之令，又焉得为孝乎！”

【注释】

①若夫：句首语气词，用于引起下文。

②与：通“欤”（yú），句末语气词，表感叹或疑问语气。

③天子有争臣七人：旧注说，天子的辅政大臣有三公、四辅，合在一起是七人。“三公”是太师、太傅、太保。“四辅”是前曰疑、后曰丞、左曰辅、右曰弼。争臣，敢于直言规劝的臣僚。

④诸侯有争臣五人：诸侯的辅政大臣有五人，一种说法是三卿及内史、外史，合计五人。

⑤大夫有争臣三人：大夫的家臣主要有三人。

⑥令名：好名声。令，善，好。

【译文】

曾子说：“关于慈爱、恭敬、安定、扬名这些孝道，学生已经听过很多教诲。我想再冒昧地请教您，做儿子的一味遵从父亲的命令，绝对听命于父母，就可称得上是孝顺了吗？”孔子说：“这是什么话呢？这是什么话呢？从前，天子身边设有三公四辅共七个直言相谏的诤臣，因此，纵使天子德行不够，他也不会失去天下；诸侯有五位直言谏诤的诤臣，所以即使自己德行不够，也不至于失去他的诸侯国地盘；卿大夫也有三位直言劝谏的臣属，所以即使他德行不够，也不会失去自己的家园。普通的人有直言劝诫的朋友，自己的美好名声就不至于丧失；为人父者有敢于直言力争的儿子，就不会使自己陷于不义之中。因此在遇到不义之事时，无论是父亲所为，还是君王所为都应直言谏诤。如果做儿子的只是一味遵从父亲的命令，又怎么算得上是孝子呢？”

【提示】

本章共分三段：从“曾子曰”到“是何言与”为第一段，曾子的发问引起了孔子的惊叹。从“昔者，天子有争臣七人”到“则身不陷于不义”为第二段，是孔子举例说明谏诤的重要性。从“故当不义”到“又焉得为孝乎”为第三段，重申“从父之令，又焉得为孝乎”，重复慨叹，以提醒世人如果见过不规，则会陷君父朋友于不义，又何谈孝道呢？

感应章第十六

【主旨】

感应是指神灵与人之间的相互影响，相互呼应。本章讲孝悌之道，不但可以感人，而且可以感动天地神明。在中国古代哲学中，天人合一的思想是重要构成，因此，人为父母所生，即为天地所生，孔子通过论述证明孝悌之道无所不通的道理。

【原文】

子曰："昔者，明王事父孝，故事天明；事母孝，故事地察；长幼顺，故上下治。天地明察，神明彰矣。故虽天子，必有尊也，言有父也；必有先也，言有兄也。宗庙致敬，不忘亲也。修身慎行，恐辱先也①。宗庙致敬，鬼神著矣②。孝悌之至，通于神明，光于四海，无所不通。《诗》云：'自西自东，自南自北，无思不服。'"③

【注释】

①修身慎行，恐辱先也：修身，指修养身心。

慎行，行为谨慎小心。先，指先祖。

②鬼神著矣：鬼神，即供奉于宗庙中的祖先。著，明显。

③“自西自东”三句：语出《诗经·大雅·文王有声》。

【译文】

孔子说：“从前，贤明的帝王能孝顺地侍奉父亲，所以在祭祀上天时能够明白上天覆育万物的道理，贤明的帝王很孝顺地侍奉母亲，所以在社祭后土时能够感知大地生发万物的道理；圣明的君主敬爱兄弟，所以能使天下尊卑贵贱的人都处理好关系。能够明察天地覆育万物的道理，神明也能明察他的虔诚，就会彰显神灵，降福佑护。所以即使贵为天子，也必然有他所尊敬的人。天子也要孝敬父辈，尊重兄长。天子设立宗庙，进行祭祀，为了充分表达自己对先祖的恭敬之意，说明天子不敢忘记自己逝去的亲人们；天子时时修身养性，提高自己的品质，是因为恐怕因自己的过失而使先人蒙受羞辱，甚至失去社稷。天子到宗庙祭祀表达敬意，神明就会享用祭品，就会赐予福佑。天子行孝做到极致，就可以通达于神明，光照天下，天下会充满其德行的光辉。《诗经·大雅·文王有声》中说：‘从东到西，从南到北，没有人不被感化的。’”

【提示】

本章共分四段：从“子曰”到“神明彰矣”为第一段，指出孝悌感通天地。从“故虽天子”到“鬼神著矣”为第二段，指出孝悌感通鬼神。“孝悌之至”到“无所不通”为第三段，指出孝悌达到极致，无所不通。引用《诗经》的句子为第四段，证明孝道无所往而不通的意思。

事君章第十七

【主旨】

本章说明中于事君的道理。为人子女的，始于事亲，是孝的小部分，中于事君，就是能为国家办事，为全民服务，这是孝的大部分。

【原文】

子曰："君子之事上也，进①思尽忠，退②思补过，将顺其美③，匡救其恶，故上下能相亲也。《诗》云：'心乎爱矣，遐不谓矣。中心藏之，何日忘之？'"④

【注释】

①进：上朝面见君主。

②退：下朝回到家中。

③将顺其美：指君王的政令、政教是正确的、美好的，那么就要顺从地去执行。将，执行。

④"心乎"四句：语出《诗经·小雅·隰桑》。原诗相传是一首人民怀念有德行的君子的作品。

【译文】

孔子说："君子侍奉君王，在朝廷做官的时候，要考虑如何竭尽忠心；离职居家的时候，要考虑如何纠正自己的过失，以便更好地为君主尽忠，或者考虑如何补救君王的过失和国事的不当，以弥补失误的损失。对于君王的优点，要顺应发扬；对于君王的过失缺点，要积极补救，这样君臣之间才能够紧密合作。《诗经·小雅·隰桑》中说：'心中充溢着爱敬的情怀，无论多么遥远，这片真诚的情感都藏在心中，任何时候都不会忘记啊！'"

【提示】

本章可分两段：从"子曰"到"故上下能相亲也"为第一段，说明对君主尽忠的道理。引用《诗经》的诗句是第二段，加强陈述臣子爱戴君主，虽远处异地，都不忘怀。

丧亲章第十八

【主旨】

之前各章多数讲父母在世之日，孝子表达自己的爱敬之心，而本章讲的是，父母一旦去世，孝子不能再见双亲，无法再尽敬爱之情，其心情之哀痛可想而知。孔子特为世人指出“慎终追远”之道，以教化世人，使人们知道表达敬爱的方法。

【原文】

子曰：“孝子之丧亲也，哭不偯①，礼无容②，言不文③，服美不安④，闻乐不乐⑤，食旨不甘⑥，此哀戚⑦之情也。三日而食，教民无以死伤生。⑧毁不灭性⑨，此圣人之政也。丧不过三年⑩，示民有终也。为之棺、椁⑪、衣、衾而举之；陈其簠、簋⑫而哀戚之；擗踊哭泣⑬，哀以送⑭之；卜其宅兆⑮，而安措⑯之；为之宗庙，以鬼享之；春秋祭祀，以时思之⑰。生事爱敬，死事哀戚，生民之本尽矣⑱，死生之义⑲备矣，孝子之事亲终矣。”

【注释】

①不偯（yí）：指哭的时候，不能有拖腔拖调，使得尾声曲折绵长。偯，哭的尾声曲折不断。

②礼无容：这是说丧亲时，孝子的行为举止不过于讲究仪容姿态。

③言不文：这是说丧亲时，孝子说话不应辞藻华美，追求文采。文，指文辞方面的修饰，有文采。

④服美不安：孝子丧亲，穿着华美艳丽的衣饰会心中不安。

⑤闻乐不乐：由于心中悲哀，孝子听到音乐也感受不到快乐。

⑥食旨不甘：这是说即使有美味的食物，孝子因为哀痛也不会感到味道鲜美。

⑦哀戚：忧愁，悲哀。

⑧“三日”二句：丧礼规定，孝子三天之内不能进食，三天之后即进粥食；如果悲哀过度，因为长久不进食而使身体受到伤害，也与孝道不合。

⑨毁不灭性：虽因哀痛而消瘦，但是不能瘦骨嶙峋。毁，哀毁，因悲哀而损坏身体健康。性，命。

⑩丧不过三年：孝子为父母之死服丧三年。

⑪棺、椁（guǒ）：古代棺木有两重，里面的一套叫棺，外面的一套叫椁。

⑫簠（fǔ）、簋（guí）：古代盛放食物的两种器皿。丧礼规定，从父母去世到出殡下葬，死者的身旁都要供奉食物，用簠、簋、鼎、笾、豆等器具盛放，此处只举簠、簋为代表。

⑬擗（pí）踊哭泣：擗，捶胸。踊，顿足。

⑭送：指出殡、送葬。把遗体送往墓地，把精魂迎回宗庙。

⑮卜其宅兆：占卜下葬的地点。

⑯安措：安置，指将棺椁安放到墓穴中。措，或作"厝"。

⑰"为之"二句：将死者的魂神迎回宗庙的祭祀，称为"虞祭"。

⑱生民之本尽矣：指能够做好上述事情，人就算尽到了根本的责任，尽到了孝道。生民，人民。本，根本，指孝道。

⑲死生之义：指在父母生前奉养，父母去世后安葬、祭祀父母的义务。

【译文】

孔子说："孝子在父母去世时，用哭声来表达自己极度悲痛的心情，哭声不要拖有尾声，绵延曲折，举止动作失去了平时的端正礼仪，言语没有了条理和文采，穿上华美的衣服心中会感到不安，听到再美妙的音乐也不能快乐，吃再好的食物也感到没有味道，这都是因为做子女的失去亲人而悲伤忧愁的缘故。父母去世后三天，孝子要开始吃东西，这是教导人民不要因亲人的去世悲哀过度而损伤身体，不要因为过度悲痛而违背人性，这是圣贤君子的为政之道。孝子为父母守丧不超过三年，是告诉人们居丧是有终止期限的。办丧事的时候，要为去世的父母准备好棺木、穿戴的衣物等，将其妥善地安置进棺木内，陈列摆设上簠、簋之类祭奠器具，放入稻、粱之类的粮食，以寄托生者的哀痛和悲伤。送灵柩出殡的时候，孝子要顿足，孝女要用手拍打胸口，一路号啕大哭地哀痛送葬。安葬的日期与墓穴吉地都要进行占卜。兴建祭祀用的庙宇，这样亡灵就有所归依并可以享受生者的祭祀了。服丧期满后，每到春、秋两季举行祭祀，以表示生者对亲人无限的思念之情。父母在世时以爱和敬来侍奉他们，在父母去世后，孝子以最悲痛的心情去料理后事，如此尽到了人生在世应尽的本分和义务——孝道，生前奉养，死后安葬，祭祀，这一系列敬奉父母的义务完成了，才算是完成了作为孝子侍奉亲人的义务。”

【提示】

本章可分为四段，从“子曰”到“此哀戚之情也”为第一段，说明孝子丧亲之后的追思哀戚之状。从“三日而食”到“示民有终也”为第二段，说明要限制哀戚之情的道理。从“为之棺”到“以时思之”为第三段，说明“慎终追远”的处理办法。从“生事爱敬”到“孝子之事亲终矣”为第四段，说明孝子对双亲事生送死，尽孝道的事就算完成了。

附录

劝孝歌

王中书（清）

孝为百行首，诗书不胜录。
富贵与贫贱，俱可追芳躅。

若不尽孝道，何以分人畜？
我今述俚言，为汝效忠告。

百骸未成人，十月怀母腹。
渴饮母之血，饥食母之肉。

儿身将欲生，母身如在狱。
惟恐生产时，身为鬼眷属。

一旦见儿面，母喜命再续。
一种诚求心，日夜勤抚鞠。

母卧湿簟席，儿眠干蓐茵。
儿睡正安稳，母不敢伸缩。

儿秽不嫌臭，儿病甘身赎。
横簪与倒冠，不暇思沐浴。

儿若能步履，举步虑颠覆。
儿若能饮食，省口恣所欲。

乳哺经三年，汗血耗千斛。
劬劳辛苦尽，儿至十五六。

性气渐刚强，行止难拘束。
衣食父经营，礼义父教育。

专望子成人，延师课诵读。
慧敏恐疲劳，愚怠忧碌碌。

有善先表暴，有过常掩护。
子出未归来，倚门继以烛。

儿行十里程，亲心千里逐。
儿长欲成婚，为访闺门淑。

媒妁费金钱，钗钏捐布粟。
一旦媳入门，孝思遂衰薄。

父母面如土，妻子颜如玉。
亲责反睁眸，妻詈不为辱。

母披旧衫裙，妻着新罗绸。
父母或鳏寡，为儿守孤独。

父虑后母虐，鸾胶不再续；
母虑孤儿苦，孀帏忍寂寞。

身长不知恩，糕饵先儿属。
健不祝哽噎，病不知伸缩。

衣裳或单寒，衾裯失温燠。
风烛忽垂危，兄弟分财谷。

不思创业艰，惟道遗资薄。
忘却本与源，不念风与木。

烝尝亦虚文，宅兆可时卜？
人不孝其亲，不如禽与畜。

慈乌尚反哺，羔羊犹跪足。
人不孝其亲，不如草与木。

孝竹体寒暑，慈枝顾本末。
劝尔为人子，孝经须勤读。

王祥卧寒冰，孟宗哭枯竹。
蔡顺拾桑椹，贼为奉母粟。

杨香搤父危，虎不敢肆毒。
伯俞常泣杖，平仲身自鬻。

江革甘行佣，丁兰悲刻木。
如何今世人，不效古风俗？

何不思此身，形体谁养育？
何不思此身，德性谁式穀？

何不思此身，家业谁给足？
父母即天地，罔极难报复。

亲恩说不尽，略举粗与俗。
闻歌憬然悟，省得悲莪蓼。

勿以不孝首，枉戴人间屋。
勿以不孝身，枉着人间服。

勿以不孝口，枉食人间谷。
天地虽广大，难容忤逆族。

及早悔前非，莫待天诛戮。
万善孝为先，信奉添福禄。

劝报亲恩篇

百孝篇

天地重孝孝当先，一个孝字全家安。
为人须当孝父母，孝顺父母如敬天。
孝子能把父母孝，下辈孝儿照样传。
自古贤臣多孝子，君选贤臣举孝廉。
要问如何把亲孝，孝亲不止在吃穿。
孝亲不教亲生气，爱亲敬亲孝乃全。
可惜人多不知孝，怎知孝能感动天。
福禄皆因孝字得，天将孝子另眼观。
孝子贫穷终能好，不孝虽富难平安。
诸事不顺因不孝，回心复孝天理还。
孝贵心诚无它妙，孝字不分女共男。
男儿尽孝须和悦，妇女尽孝多耐烦。
爹娘面前能尽孝，尽孝就是好儿男。
翁婆身上能尽孝，又落孝来又落贤。
和睦兄弟就是孝，这孝叫做顺气丸。
和睦妯娌就是孝，这孝家中大小欢。

男有百行首重孝，孝字本是百行原。
女得淑名先学孝，三从四德孝为先。
孝字传家孝是宝，孝字门高孝路宽。
能孝何在贫和富，量力尽心孝不难。
富孝鼎烹能致养，贫孝菽水可承欢。
富孝孝中有乐趣，贫孝孝中有吉缘。
富孝瑞气满潭府，贫孝祥光透清天。
孝从难处见真孝，孝心不容一时宽。
赶紧孝来孝孝孝，亲山我孝寿山天。
亲在当孝不知孝，孝殁知孝孝难全。
生前尽孝亲心悦，死后尽孝子心酸。
孝经孝文把孝劝，孝父孝母孝祖先。
为人能把祖先孝，这孝能使子孙贤。
贤孝子孙钱难买，着孝买来不用钱。
孝字正心心能正，孝字修身身能端。
孝字齐家家能好，孝字治国国能安。
天下儿孙尽学孝，一孝就是太平年。
戒淫戒赌都是孝，孝子成材亲心欢。
戒杀放生都是孝，能积亲寿孝通天。
惜谷惜字都是孝，能积亲福孝非凡。
真为心善是真孝，万善都在孝里边。
孝子行孝有神护，为人不孝祸无边。

孝子在世声价重，孝子去世万古传。
此篇句句不离孝，离孝人伦难周全。
念得十遍千个孝，消灾免难百孝篇。

逢知己篇

人生五伦孝当先，自古孝为百行原。
世上惟有孝字大，孝顺父母为一端。
欲知孝道有何尽，听我仔细对你言。
好饭先尽爹娘用，好衣先尽父母穿。
穷苦莫教爹娘受，忧愁莫教父母耽。
出入扶持须谨慎，朝夕伺候莫厌烦。
爹娘都调勿违阻，吩咐言语记心间。
呼唤应声不敢慢，诚心敬意面带欢。
大小事情须禀命，禀命再行莫自专。
时时体贴爹娘意，莫教爹娘心挂牵。
宝局钱场休找往，花街柳巷莫游玩。
保身惜命防灾病，酒色财气不可贪。
为非作歹损阴德，惹骂爹娘心怎安。
是耕是读是买卖，安分守己就是贤。
每日清晨来相问，冷热好歹问一番。
到晚莫往旁处去，奉侍爹娘好安眠。
夏天爹娘要凉快，冬天宜暖不宜寒。

爹娘一日三顿饭，三顿茶饭留心观。
恐怕饮食失调养，有了灾病后悔难。
老人食物宜软烂，冷硬切莫往上端。
富家酒肉常不断，贫家量力进肥甘。
但愿自己受委屈，莫教爹娘有艰难。
莫重财帛轻父母，莫受挑唆听妻言。
为人诚心把孝尽，才算世间好儿男。
万一爹娘有了过，恐怕别人笑嗤咱。
委曲婉转来相劝，比东说西莫直言。
爹娘若是顾闺女，莫与姊妹结仇冤。
爹娘若是偏兄弟，想是咱身有不贤。
双全父母容易孝，孤寡父母孝难全。
白日冷清常沉闷，黑夜凄凉形影单。
亲儿亲娘容易孝，唯有继母孝更难。
继母若是性子暴，柔声下气多耐烦。
对人总说爹娘好，受屈头上有青天。
有时爹娘身得病，谨慎调养莫等闲。
煎汤熬药须亲手，不可一日离床前。
病重神前去祷告，许愿唯有善书篇。
尽心竭力来侍奉，日莫辞劳夜莫眠。
休说自己劳苦大，爹娘劳苦更在先。
人子一日长一日，爹娘一年老一年。

劝人及时把孝尽，兄弟虽多不可扳。
若待父母去世后，想着尽孝难上难。
总有猪羊灵前供，爹娘何曾到嘴边。
不如活着吃一口，粗茶淡饭也香甜。
即遭不幸出丧事，不可鼓乐闹喧天。
不尚虚文只哀恸，要紧预备好衣棺。
丧葬之后孝再行，按节祭扫把坟添。
兄弟姊妹要亲爱，亲爱兄妹九泉安。
生前死后孝尽到，为人一生大事完。
试看古来行孝者，荣华富贵福绵绵。
你看忤逆不孝顺，送到大堂板子扇。
此篇劝孝逢知己，趁早行孝莫迟延。

报亲恩篇

从来亲恩报当先，说起亲恩大如天。
要知父母恩情大，听我从头说一番。
十月怀胎耽惊怕，临产就是生死关。
一生九死脱过去，三年乳哺受熬煎。
生来不能吃东西，食娘血脉充饭餐。
白天揣着把活做，到晚怀里揽着眠。
左边尿湿放右边，右边尿湿放左边。
左右两边全湿尽，将儿放在胸膛间。

偎干就湿身受苦，抓屎抓尿也不嫌。
孩子醒了她不睡，敞着被窝任意玩。
总然自己有点病，怕冷也难避风寒。
孩子睡着怕他醒，不敢翻身常露肩。
夏天结记蚊子咬，白天又怕蝇子餐。
又怕有人来惊动，惊得强醒不耐烦。
孩子欢喜娘也喜，儿子啼哭娘不安。
这么拍来那么哄，亲亲吻吻有耐烦。
手里攀着怀中抱，掌上明珠是一般。
娘给梳头娘洗脸，穿表曲顺小肘弯。
小裤小袄忙里做，冬日棉来夏日单。
不会吃饭慢慢喂，惟恐儿女受饥寒。
结记冷来结记热，孩儿不觉只贪玩。
长大成人往回想，恩情难报这三年。
富家养儿还容易，贫家养儿更是难。
无有烧烟无有米，儿女啼饥娘心酸。
万般出于无其奈，娘就忍饥也心甘。
冬天做件破棉袄，自己冻着尽儿穿。
娘为孩儿受冻饿，孩子小时不知难。
长大成人往回想，无有爹娘谁可怜？
有时发热出疸疹，吓得爹娘心胆寒。
寻找医生求人看，煎汤熬药祷告天。

恨不能够替儿病，吃饭不饱睡不眠。
多咎孩子好伶俐，这才昼夜能安然。
三岁两岁才学走，恐有跌磕落伤残。
五岁六岁离怀抱，任意在外跑着玩。
一时不见儿的面，眼跳心慌坐不安。
东家寻来西家找，怕是有人欺负咱。
结计狗咬并车轧，只怕寻河到井边。
父母爱儿无有了，想想爹娘那一番。
小篇不过说大意，千言万语说不全。
十岁八岁快成人，送到南学读书文。
笔墨纸张不惜费，束脩摊派不辞贫。
三顿饱饭供给你，衣裳穿个干净新。
家中有活不教做，给奖为儿自辛勤。
结计学生合格气，又怕先生怒气嗔。
结计孩子身受苦，又怕到大不如人。
儿在南学把书念，哪知爹娘常挂心。
十四五六成大人，便要与儿提婚姻。
托个媒人当月老，访求淑女配成婚。
纳采行聘都情愿，钗环首饰费金银。
择个吉日将过事，逐日忙忙操碎心。
油门油窗顶棚绑，洞房裱糊一色新。
时样缨帽买一顶，可体袍褂做一身。

鼓乐喧天门前闹，摆席候客忙煞人。
说的本是富家主，再说贫家父母心。
少吃缺穿难度日，一心给儿把妻寻。
借钱使礼也愿娶，千方百计娶进门。
娶个好的是福利，若是不贤是祸根。
枕边挑唆几句话，当下儿子变了心。
媳妇好比珠宝玉，父母如同陌路人。
待上二年生下子，更忘爹娘把儿亲。
何人与你把妻娶？何人与你过的门？
花费银钱是那个？操心劳力是何人？
拍拍胸膛仔细想，孰轻孰重孰为尊？
养儿就是防备老，儿大不知报娘恩。
没有爹娘生下你，世上怎有你这身？
没有爹娘养你大，怎在世间成为人？
为儿若把爹娘忘，好比花木烂了根。
如果不把亲恩报，扬头竖脑为何人？
不孝之人世上有，天打雷劈也是真。
为儿若有别的意，指望劝人动动心。
如若你把亲恩报，自己定出好儿孙。

弟兄篇

奉劝世人你是听，五伦之内有弟兄。

为人在世兄爱弟，在世为人弟敬兄。
三人哭活紫荆树，于今成神在天宫。
桃园结义是异姓，何况同父同母生？
同母固然是兄弟，两母兄弟一般同。
莫因嫡庶分彼此，弄得兄弟反制争。
莫因前事生疑忌，闹得兄弟伤真情。
莫因妯娌不和气，兄弟参商各西东。
莫因奴仆传闲话，兄弟阋墙把气生。
倘若哥哥性子暴，不过忍些肚里疼。
为弟若是不说理，宽宏大量把他容。
牛宏待着他弟好，身居相位显大功。
彦霄待着他哥好，父子同榜把官封。
兄好弟好有好报，许多古人能说清。
沈仁沈义兄弟俩，二人俱是翰林公。
因为家产犯争执，不念兄弟手足情。
一齐上控到抚宪，抚宪广劝不动刑。
五伦五常对他讲，飞禽走兽比给听。
比东说西劝一遍，兄弟二人放悲声。
大堂以上哭一抱，越思越想越伤情。
翰林院里为学士，反把手足情看轻。
兄弟回家成义气，后来俱齐把官升。
兄弟和好能得好，老天最重这一宗。

兄弟和睦爹娘悦，就是外人也尊敬。
兄弟和睦是榜样，眼看儿孙又弟兄。
兄宽弟忍听我劝，和气致祥福禄增。

父母篇

父母恩情似海深，人生莫忘父母恩。
生儿育女循环理，世代相传自古今。
为人子女要孝顺，不孝之人罪逆天。
家贫才能出孝子，鸟兽尚知哺育恩。
父子原是骨肉亲，爹娘不敬敬何人？
养育之恩不图报，望子成龙白费心。

陈情表

李密（晋）

臣密言：臣以险衅，夙遭闵凶。生孩六月，慈父见背；行年四岁，舅夺母志。祖母刘悯臣孤弱，躬亲抚养。臣少多疾病，九岁不行，零丁孤苦，至于成立。既无伯叔，终鲜兄弟，门衰祚薄，晚有儿息。外无期功强近之亲，内无应门五尺之僮，茕茕孑立，形影相吊。而刘夙婴疾病，常在床蓐，臣侍汤药，未曾废离。

逮奉圣朝，沐浴清化。前太守臣逵察臣孝廉，后刺史臣荣举臣秀才。臣以供养无主，辞不赴命。诏书特下，拜臣郎中，寻蒙国恩，除臣洗马。猥以微贱，当侍东宫，非臣陨首所能上报。臣具以表闻，辞不就职。诏书切峻，责臣逋慢；郡县逼迫，催臣上道；州司临门，急于星火。臣欲奉诏奔驰，则刘病日笃，欲苟顺私情，则告诉不许。臣之进退，实为狼狈。

伏惟圣朝以孝治天下，凡在故老，犹蒙矜育，况臣孤苦，特为尤甚。且臣少仕伪朝，历职郎署，本图宦达，不矜名节。今臣亡国贱俘，至微至陋，过蒙拔擢，宠命优渥，岂敢盘桓，有所希冀！但以刘日薄西山，气息奄奄，人命危浅，朝不虑夕。臣无祖母，无以至今日，祖母无臣，无以终余年。母孙二人，更相为命，是以区区不能废远。

臣密今年四十有四，祖母今年九十有六，是臣尽节于陛下之日长，报养刘之日短也。乌鸟私情，愿乞终养。臣之辛苦，非独蜀之人士及二州牧伯所见明知，皇天后土，实所共鉴。愿陛下矜悯愚诚，听臣微志，庶刘侥幸，保卒余年。臣生当陨首，死当结草。臣不胜犬马怖惧之情，谨拜表以闻。

【译文】

臣下李密言：我因命运不好，很早就遭受到不幸，出生后刚刚六个月，父亲就撇下我而去世了。等我长到四岁的时候，舅父强迫我的母亲改变了守节的志向，改嫁他人。祖母刘氏可怜我年幼丧父，便亲自抚养我。臣小的时候身体很弱，经常生病，到了九岁时还不能走路。我从小长到成人，一直孤独无依，既没有叔叔伯伯，又缺少兄弟，门庭衰微，福分浅薄，很晚才有儿子。外面没有亲近的亲戚，家里也没有照应门户的童仆，生活孤单冷清，凄凉之景只有自己的身体和影子相互安慰。我的祖母刘氏又被疾病缠绕很久了，常年卧床不起，我侍奉她饮食喝药，从来没有离开过她。

晋朝建立以后，我蒙受着清明的政治教化。先前有名叫逵的太守察举我为孝廉，后来又有名叫荣的刺史，推举我为优秀人才。但臣因为供奉赡养祖母的事没有人承担，辞谢不接受任命。朝廷又特地下了诏书，召我为郎中，不久又蒙受国家恩情，任命我做太子的侍从。以我卑微低贱的身份，担当侍奉太子的职务，这种恩情是我杀身捐躯都难以报答朝廷的。于是我将以上苦衷上表报告，推辞不去就职。但是诏书急切严峻，责备我对诏书怠慢不敬。郡县长官催促我立即上路；州县的长官到家中来督促，简直比流星坠落还要急迫。我很想奉旨为天子奔走效劳，尽我所能，但祖母刘氏的病一天比一天重，转念想要姑且顺从自己的私情，推辞官位不做，但报告申诉又不被允许。我进退两难，十分狼狈。

臣想晋朝是推崇孝道来治理天下的，凡是年老而德高望重的老臣，尚且还受到怜悯养育，何况我如此孤单凄苦呢？况且我年轻的时候曾经担任过蜀汉的官职，担任过郎官职务，本来就希望做官显达，并不顾惜名声节操。现在我只是一个亡国俘虏，十分低贱卑微，受到皇帝如此隆重的提拔，恩宠优厚，怎么敢犹豫不决而有非分的企图呢？只是因为我的祖母刘氏寿命即将终结，她现在气息微弱，生命垂危，早上不能想到晚上会怎样。如果没有祖母当初无微不至地抚养我，我也无法达到今天的地位，祖母如果没有我的照料，也无法度过她的余生。我们祖孙二人相依为命，因此我不能废止侍养祖母而去做官。

臣现在已经四十四岁，我的祖母已经到九十六岁的高龄，这样看来，我在陛下面前尽忠尽节的日子还很长，而在祖母面前尽孝尽心的日子却很短了。我怀着乌鸦反哺的私情，乞求能够恩准我实现为祖母养老送终的心愿。我的辛酸苦楚，并不仅仅是蜀地的百姓及益州、梁州的长官所能明白的，天地神明，实在也都能明察。希望陛下能怜悯我的诚心，满足我微不足道的心愿，使祖母能够侥幸地保全她的余生。我活着会竭尽全力报效朝廷，死了也要结草衔环来报答陛下的恩情。我怀着像犬马一样惴惴不安的心情，恭敬地呈上此表来使陛下知道这件事情。

二十四孝

郭居敬（元）

一 孝感动天

【原文】

虞舜，姓姚，名重华，瞽瞍之子,性至孝。父顽，母嚚，弟象傲。舜耕于历山，象为之耕，鸟为之耘，其孝感如此。陶于河滨,器不苦窳,渔于雷泽,烈风雷雨弗迷。虽竭力尽瘁,而无怨怼之心。尧闻之，使总百揆，事以九男，妻以二女。相尧二十有八载，帝遂让以位焉。

【诗赞】

队队耕田象，纷纷耘草禽。

嗣尧登宝位，孝感动天心。

【译文】

舜帝，姓姚，名重华，是瞽瞍盲人的儿子，天生就懂得大孝。他的父亲脾气古怪，继母性情多变，同父异母的弟弟象非常不懂事（父母和兄弟三个人多次设诡计陷害舜，但舜总是以德报怨）。舜每天去历山耕田种地，干活时大象跑来替他拉犁，小鸟飞来为他播种，是他的孝行感动了上天才会有这样的景象啊！他在黄河边制作陶器时，陶器一个都不坏；在雷泽打鱼时，暴风雷雨都不伤害他。舜虽然竭力尽瘁，但从无怨怼之心。尧帝听说舜的事迹后，就率百官去拜访他，并让自己的儿子们拜舜为师（在舜手下做事、学习），把自己两个心爱的女儿都嫁给舜做他的妻子。舜为尧做了二十八年宰相，最后尧把天下禅让给了舜。

二 戏采娱亲

【原文】

周老莱子，楚人。至孝，奉二亲，极其甘脆。行年七十，言不称老，着五彩斑斓之衣，为婴儿戏舞于亲侧。又尝取水上堂，诈跌卧地，作小儿啼，以娱亲意。

【诗赞】

戏舞学娇痴，春风动彩衣。

双亲开口笑，喜色满庭闱。

【译文】

周朝楚国人老莱子，非常孝顺。他侍奉父母尽心尽力，总是极尽所能地做可口的美食。他自己七十岁了，却从来不在父母面前说“老子”。他经常身穿色彩鲜艳的婴儿装，像婴儿一样在双亲身边嬉戏。有一次他为双亲送水时，故意假装跌倒，趴在地上，学小婴儿的哇哇哭声，逗他们开心。

三　鹿乳奉亲

【原文】

周剡子，性至孝。父母年老，俱患双眼，思食鹿乳。剡子顺承亲意乃衣鹿皮，去深山，入群鹿之中，取鹿乳以供亲。猎者见而欲射之。剡子具以情告，乃免。

【诗赞】

老亲思鹿乳，身挂鹿毛衣。

若不高声语，山中带箭归。

【译文】

周朝时有个人叫剡子，非常孝顺。他的父母年纪大了，都患了眼病，想喝野鹿的乳汁。剡子就顺从父母的意思，穿上鹿皮做的衣服，进入深山，混到鹿群当中，挤母鹿的乳汁拿回家供养双亲。一次，猎人发现了他，以为是只失群的小鹿，要用弓箭射他，他吓得赶紧大喊说明原委才脱了险。

四　为亲负米

【原文】

周仲由，字子路，孔子弟子。家贫，食藜藿之食，为亲负米百里之外。亲没，南游于楚，从车百乘，积粟万钟，累裀而坐，列鼎而食。乃叹曰："虽欲食藜藿之食，为亲负米，不可得也。"

【诗赞】

负米供旨甘，宁忘百里遥。
身荣亲已没，犹念旧劬劳。

【译文】

周朝的仲由，字子路，孔子的学生。年轻时家里非常穷，他经常吃野菜做的饭，而把自己的俸米从百里以外的地方背回家给父母吃。父母去世后，子路当了大官，他到南方的楚地游学时，护卫车队达到一百辆，家里积攒的粮食上万钟，坐的时候座位上铺着几层厚厚的坐垫，吃饭时面前摆着精美而繁多的食器和餐具。

面对这样的场景，子路放下筷子叹息说："虽然如此，我宁愿还吃着野菜做的饭，继续从百里外背米回家供养双亲，可惜再也没有这样的机会了。"

五 啮指心痛

【原文】

周曾参，字子舆，孔子弟子，事母至孝。参尝采薪山中，家有客至，母无措，望参不还，乃啮其指。参忽心痛，负薪以归，跪问其故。母曰："有急客至，吾啮指以悟汝耳。"

【诗赞】

母指才方啮，儿心痛不禁。
负薪归未晚，骨肉至情深。

【译文】

曾参，字子舆，孔子的弟子，侍奉母亲极其孝敬。因为家贫，经常自己上山砍柴。一次，曾参又到山上砍柴，突然家里来了客人，母亲不知怎么办才好，只好站在门口望着山上，希望曾子早点回来，许久不见归来，心急之下就用牙咬自己的手指。正在山里砍柴的曾参忽然觉得心口疼起来，便赶紧背着柴返回家中，跪下来问母亲有什么事召唤他。母亲说："家里突然来了客人，我咬手指是提醒你快点回来。"

六　单衣顺母

【原文】

周闵损，字子骞，孔子弟子。早丧母，父娶后母，生二子，衣以棉絮；妒损，衣以芦花。父令损御车，体寒失靷。父察知故，欲出后母。损曰："母在一子寒，母去三子单。"母闻，改悔。

【诗赞】

闵氏有贤郎，何曾怨晚娘。

父前留母在，三子免风霜。

【译文】

春秋时期鲁国的闵损，字子骞，孔子的弟子，早年丧母，父亲续娶了后母，后母又生了两个儿子。冬天到了，继母给两个亲生儿子做了用棉花填充的冬衣，因为厌弃子骞，就给他穿用芦花填充的冬衣。一天，父亲出门让子骞驾驭马车，子骞因身体寒冷发抖，将缰绳落于地上，因此遭到父亲的鞭打，鞭子打破棉衣现出芦花。

父亲得知子骞受到虐待后，十分气愤，要休掉后妻。子骞求父亲说："留下母亲，只是我一个孩子受冷；赶走母亲，三个孩子都要挨冻。"继母知道这件事，悔恨知错，从此改过。

七　亲尝汤药

【原文】

汉文帝，名恒，高祖第三子，初封代王。生母薄太后，帝奉养无怠。母病三年，帝为之目不交睫，衣不解带，汤药非口亲尝，弗进。仁孝闻天下。

【诗赞】

仁孝临天下，巍巍冠百王。

汉庭事贤母，汤药必亲尝。

【译文】

汉文帝，名叫刘恒，是汉高祖刘邦的第三子，最初被封为代王，生母是薄太后。他即帝位后侍奉母亲从不懈怠。母亲生病三年，文帝常常衣不解带，整夜整夜亲自照顾母亲，给母亲服用的汤药，总是亲口尝过才让母亲服用。正是因为他在位重德治，所以以仁孝之名闻天下。

八　拾葚供亲

【原文】

汉蔡顺，字君仲，少孤，事母至孝。遭王莽乱，岁荒不给，拾桑葚，以异器盛之。赤眉贼见而问曰："何异乎？"顺曰："黑者奉母，赤者自食。"贼悯其孝，以白米三斗、牛蹄一只赠之。

【诗赞】

黑葚奉萱闱，啼饥泪满衣。

赤眉知孝顺，牛米赠君归。

【译文】

西汉人蔡顺，字君仲，幼年丧父，侍奉母亲非常孝敬。当时正遭遇王莽篡汉之乱，又遇上荒年，没有粮食吃，只得拾桑葚果充饥，并用不同的器皿盛着。一天，赤眉军撞见他后，问："为什么把红色和黑色的桑葚装在两个不同的器皿里？"蔡顺回答说："黑色熟透的桑葚是供老母食用的，红色未熟的桑葚是留给自己的。"赤眉军同情他的孝心，送给他白米三斗、牛腿一只，让带回去供奉他的母亲，以表达对他的敬意。

九　埋儿奉母

【原文】

汉郭巨，字文举，家贫。有子三岁，母减食与之。巨谓妻曰："贫乏不能供母，子又分母之食。盍弃此子？子可再有，母不可复得。"妻不敢违。巨遂掘坑三尺余，忽见黄金一釜，上有字云："天赐孝子郭巨黄金，官不得夺，民不得取。"

【诗赞】

郭巨思供给，埋儿愿母存。

黄金天所赐，光彩耀寒门。

【译文】

汉代人郭巨，字文举，家境非常贫苦。他有一个三岁的儿子，老母亲非常疼爱孙子，经常把自己的食物分给他吃。于是郭巨对妻子说："家里贫困使母亲受苦，孩子还要分母亲的食物。不如把孩子埋了吧？孩子可以再生，可母亲一旦去世就不会再有的。"妻子不敢违拒，郭巨于是挖坑，当挖到地下三尺多深时，突然现出一小坛黄金，坛子上写着："上天赐给孝子郭巨的，当官的不得巧取，老百姓也不许侵夺。"

十 卖身葬父

【原文】

汉董永，家贫，父死，卖身贷钱而葬。及去偿工，路遇一妇，求为永妻。俱至主家，令织缣三百匹乃回。一月完成，归至槐阴会所，遂辞永而去。

【诗赞】

葬父将身卖，仙姬陌上迎。
织缣偿债主，孝感动天庭。

【译文】

东汉的董永，家中非常穷。父亲死后，董永卖身富家为奴仆换钱安葬了父亲。等到去做佣人时，半路上遇到一个年轻貌美的女子，请求嫁给董永为妻。于是二人一起到了主人家，主人命他们织成三百匹缣来抵债回家。女子短短一个月就织完了，并为董永抵债赎身。回家途中，他们来到了初次见面时的槐荫，女子告诉董永，她是天帝的女儿，奉命帮助孝子董永还债，说罢辞别董永飞走了。

十一 刻木事亲

【原文】

汉丁兰，幼丧父母，未得奉养，长而念劬劳之恩，刻木为像，事之如生。其妻久而不敬，以针戏刺其指，血出。木像见兰，眼中垂泪。因询得其情，即将妻弃之。

【诗赞】

刻木为父母，形容在日身。
寄言诸子女，及早孝双亲。

【译文】

东汉人丁兰，幼年父母去世，他没有奉养行孝的机会，因而经常感念父母的养育之恩。于是他用木头刻成父母的雕像，侍奉雕像如同活人一样，比如凡事均与木像商议，每日三餐敬过双亲自己才肯食用，出门前和回来后都要禀告，从不懈怠。时间一长，妻子感到厌烦，对木像便不太恭敬了，用针偷偷地刺木像的手指，没想到木像的手指居然有血流出。后来木像见到丁兰，眼中流出泪来。丁兰查问妻子后得知实情，气愤之下将妻子休弃。

十二 涌泉跃鲤

【原文】

汉姜诗，事母至孝，妻庞氏，奉姑尤谨。母性好饮江水，去舍六七里，妻汲而奉之；母更嗜鱼脍，夫妇作而进之；又不能独食，召邻母共食。舍侧忽有涌泉，味如江水，日跃双鲤，诗取以供母。

【诗赞】

舍侧甘泉出，一朝双鲤鱼。

子能知事母，妇更孝于姑。

【译文】

东汉的姜诗侍奉母亲非常孝敬，妻子庞氏对婆婆的照顾也十分周到。婆婆喜欢喝长江水，可他们家距长江六七里路，庞氏就亲自去江边取水侍奉婆婆。老人特别爱吃鱼，夫妻二人就经常做鱼给她吃。老人不愿意自己独自吃，于是他们又请来邻居老婆婆一起吃。

一天，院子旁边忽然涌出泉水，味道与长江水相同，每天还有两条鲤鱼从中跃出，姜诗和妻子便用这些侍奉母亲。

十三　怀橘遗亲

【原文】

后汉陆绩，字公纪。年六岁，于九江见袁术。术出橘待之，绩怀橘三枚。及归拜辞，橘堕地。术曰："陆郎作宾客而怀橘乎？"绩跪答曰："吾母性之所爱，欲归以遗母。"术大奇之。

【诗赞】

孝顺皆天性，人间六岁儿。

袖中怀绿橘，遗母事堪奇。

【译文】

三国时期吴国的陆绩，字公纪，六岁那年，（随父亲陆康）到九江谒见太守袁术。袁术摆出橘子招待陆康，陆绩偷偷拿了三个橘子放在怀里。等到告辞回家，拜别时橘子滚落到地上。袁术逗他道：“小陆郎来到人家做贵客，还要在怀里私藏主人的橘子吗？”陆绩跪下回答说：“我母亲天生喜欢吃橘子，我想拿回去给母亲尝尝。”袁术（见他小小年纪就懂得孝顺）十分惊奇。

十四　扇枕温衾

【原文】

汉黄香，字文强，年九岁失母，思慕惟切，乡人皆称其孝。躬执勤苦，事父尽孝。夏天暑热，扇凉其枕簟；冬天寒冷，以身暖其被席。太守刘护表而异之。

【诗赞】

冬月温衾暖，炎天扇枕凉。

儿童知子职，千古一黄香。

【译文】

东汉的黄香，字文强，九岁时母亲去世，终日思念感怀，极其感切，乡亲们都夸他孝顺。他对父亲也十分孝顺，见父亲劳作辛苦，伺候父亲非常尽心。夏天酷热，他用扇子为父亲扇凉枕席，冬天寒冷，他用身体为父亲温暖被褥。太守刘护大为惊喜，特意表彰了他。

十五 行佣供母

【原文】

后汉江革，字次翁。少失父，独与母居。遭乱，负母逃难。数遇贼，欲劫去，革辄泣告有老母在，贼不忍杀。转客下邳，贫穷裸跣，行佣供母。母便身之物，莫不毕给。

【诗赞】

负母逃危难，穷途贼犯频。

哀求俱得免，佣力以供亲。

【译文】

东汉人江革（章帝时任五官中郎将），字次翁，少年丧父，侍奉母亲极为孝顺。时逢战乱，江革背着母亲逃难一路上多次遇到匪盗。有的贼人想劫持他入伙，江革就哭着哀告说有老母年迈，无人奉养，贼人见他孝顺也不忍杀他。后来，他辗转迁居江苏下邳，穷困得连鞋子都没有了，便做雇工挣钱供养母亲。凡是母亲所需衣服等，没有一样缺乏的。

十六　闻雷泣墓

【原文】

魏王裒，字伟元，事母至孝。母存日，性畏雷，既卒，殡葬于山林。每遇风雨闻雷，即奔墓所，拜泣告曰："裒在此，母勿惧。"隐居教授，读《诗》至"哀哀父母，生我劬劳"，遂三复流涕，后门人至废《蓼莪》之篇。

【诗赞】

慈母怕闻雷，冰魂宿夜台。

阿香时一震，到墓绕千回。

【译文】

王裒是三国末魏国人，字伟元，伺候母亲极其孝敬。其母在世时特别害怕打雷，去世后安葬在山林中。每当风雨天气，听到空中传来雷声，王裒就立即跑到母亲墓园，跪拜在坟前哭着告慰说："裒儿在这里陪着您，母亲不要害怕啊！"王裒隐居教学，每次读到《诗经·小雅·蓼莪》中"可怜我的父母，生我养我多辛苦"，就会痛哭不止。后来，他的门人不得不废弃了《蓼莪》篇。

十七 哭竹生笋

【原文】

晋孟宗，字恭武，少丧父。母老病笃，冬月思笋煮羹食。宗无计可得，乃往竹林，抱竹而哭。孝感天地，须臾地裂，出笋数茎，持归作羹奉母，食毕疾愈。

【诗赞】

泪滴朔风寒，萧萧竹数竿。

须臾冬笋出，天意报平安。

【译文】

晋代人孟宗，字恭武，父亲很早就去世了。母亲年老病重，一年的冬天非常想喝鲜竹笋汤。孟宗找不到笋，无奈之下，就跑到竹林里，抱住竹子大哭。他的孝心感动了上天，不一会儿，地忽然裂开了，地上长出几根嫩笋。孟宗赶紧采回去给母亲做汤喝。母亲喝完后，病居然痊愈了。

十八 卧冰求鲤

【原文】

晋王祥，字休徵。早丧母，继母朱氏不慈，于父前数谮之，由是失爱于父。母欲食生鱼，时值冰冻，祥解衣卧冰求之。冰忽自解，双鲤跃出，持归供母。

【诗赞】

继母人间有，王祥天下无。

至今河冰上，一片卧冰模。

【译文】

王祥，字休徵（官至大司农、司空、太尉），是晋代琅琊人。生母早丧，继母朱氏对他很苛刻，多次在父亲面前污蔑他，久而久之，父亲不再喜爱他了。有次继母想吃新鲜的活鲤鱼，当时正是天寒地冻，冰封河面，王祥解开衣服趴在冰上寻找鲤鱼。冰面忽然自行融化了，两条鲤鱼跳了出来，王祥便捉了鱼回家献给继母。

十九　扼虎救父

【原文】

晋杨香，年十四岁，随父丰往田中获粟。父为虎曳去。时香手无寸铁，惟知有父而不知有身，踊跃向前，扼持虎颈，虎磨牙而逝，父因得免于害。

【诗赞】

深山逢白额，努力搏腥风。

父子俱无恙，脱身馋口中。

【译文】

晋朝人杨香十四岁的时候随父亲杨丰到田间收稻谷。父亲被忽然跑来的一只猛虎扑倒叼走。杨香当时手无寸铁，没有任何武器，但他只想救父亲而全然

不顾自己的安危，猛扑到老虎跟前，卡住猛虎的脖子不放。猛虎颓然放下杨父跑掉了，父亲终于保住了性命。

二十　恣蚊饱血

【原文】

晋吴猛，年八岁，性至孝。家贫，榻无帷帐，每夏夜，任蚊多攒肤，恣渠膏血之饱，虽多不驱，恐去已而噬亲也。爱亲之心至矣。

【诗赞】

夏夜无帷帐，蚊多不敢挥。
恣渠膏血饱，免使入亲帏。

【译文】

晋朝人吴猛刚刚八岁就非常孝敬父母。由于家里贫穷，床上没有蚊帐，每到夏天的晚上，蚊虫总要在人的皮肤上叮咬。吴猛总是赤身坐在父亲床前，让蚊虫叮咬自己，而不驱赶。之所以这么做，是因为他担心蚊虫离开自己后就会去叮咬父亲。孝敬的心能如此算是达到了极致！

二十一 尝粪忧心

【原文】

南齐庚黔娄，为孱陵令。到任未旬日，忽心惊汗流，即弃官归。时父疾始二日，医曰："欲知瘥剧，但尝粪苦则佳。"娄尝之甜，心甚忧，至夕，稽颡北辰，求身代父死。

【诗赞】

到县未旬日，椿庭遘疾深。
愿将身代死，北望起忧心。

【译文】

南齐人庾黔娄，被任命为孱陵县令。到孱陵县赴任后还不满十天，他忽然觉得心惊胆战，浑身流汗，心神不宁（预感家中有事），于是当即辞官返乡。到家得知父亲病重已两天了。大夫说："要想知道病情好转还是恶化，只要尝一尝病人粪便的味道就知道了，如果味苦说明是好事。"于是黔娄就去尝父亲的粪便，发现味甜，内心十分难过。到夜里，向天上的北斗星跪拜，叩头乞求以自身代父去死。

二十二 乳姑不怠

【原文】

唐崔山南，曾祖母长孙夫人，年高无齿。祖母唐夫人，每日栉洗，升堂乳其姑，姑不粒食，数年而康。一日病笃，长幼咸集，曰：“无以报新妇恩，愿汝子孙妇亦如新妇之孝敬。”

【诗赞】

孝敬崔家妇，乳姑晨盥梳。
此恩无以报，愿得子孙如。

【译文】

唐代人崔山南（官至山南西道节度使）的曾祖母长孙老夫人年事已高，牙齿完全脱落。崔山南的祖母唐夫人从年轻时就十分孝敬，每天早上盥洗后，都到堂上用自己的乳汁喂养婆婆。婆婆长孙老夫人没有吃过一粒粮食，但多年来一直身体健康。后来有一天，长孙老夫人突然病倒了，于是将全家老小召集在一起，发愿说：“我没有什么能用来报答媳妇的恩义，但愿孙媳妇也像她孝敬我一样孝敬她就好了。”

二十三 涤亲溺器

【原文】

宋黄庭坚，字鲁直，号山谷，元佑中为太史，性至孝。身虽贵显，奉母尽诚。每夕为亲涤溺器，无一刻不供子职。

【诗赞】

贵显闻天下，平生事孝亲。
不辞常涤溺，焉用婢生嗔。

【译文】

黄庭坚是北宋著名诗人和书法家，字鲁直，号山谷。他在哲宗元佑年间做过太史。黄庭坚天性极其孝顺，他虽然身居显官，十分富贵，但侍奉母亲竭尽孝诚。尤其是每天晚上，他都亲自为母亲洗涤溺器，从不懈怠，没有一天不尽儿子的职责。

二十四 弃官寻母

【原文】

宋朱寿昌，年七岁，生母刘氏为嫡母所妒，出嫁。母子不相见者五十年。神宗朝，弃官入秦，与家人决，誓不见母不复还。行次同州得之，时母年七十余。

【诗赞】

七岁离生母，参商五十年。
一朝相见面，喜气动皇天。

【译文】

宋代人朱寿昌，生母刘氏被嫡母（父亲的正妻）嫉妒，在他只有七岁的时候，不得不改嫁他人。因为失去音信，母子分别后五十年没有相见。神宗时，朱寿昌（得到线索后）辞去官职，赶赴陕西（寻找生母），并且与家人告别时发誓，不见到母亲绝不返回。后来，朱寿昌寻访到陕西同州，终于找到了生母，母子欢聚。这时母亲已经七十多岁了。

佛说父母恩重难报经

第一　怀胎守护恩颂曰

累劫因缘重，今来托母胎。
月逾生五脏，七七六精开。
体重如山岳，动止劫风灾。
罗衣都不挂，妆镜惹尘埃。

第二　临产受苦恩颂曰

怀经十个月，难产将欲临。
朝朝如重病，日日似昏沉。
难将惶怖述，愁泪满胸襟。
含悲告亲族，惟惧死来侵。

第三　生子忘忧恩颂曰

慈母生儿日，五脏总开张。
身心俱闷绝，血流似屠羊。

生已闻儿健，欢喜倍加常。
喜完悲还至，痛苦彻心肠。

第四　咽苦吐甘恩颂曰

父母恩深重，顾怜没失时。
吐甘无稍息，咽苦不颦眉。
爱重情难忍，恩深复倍悲。
但令孩儿饱，慈母不辞饥。

第五　回干就湿恩颂曰

母愿身投湿，将儿移就干。
两乳充饥渴，罗袖掩风寒。
恩怜恒废枕，宠弄才能欢。
但令孩儿稳，慈母不求安。

第六　哺乳养育恩颂曰

慈母像大地，严父配于天。
覆载恩同等，父娘恩亦然。
不憎无怒目，不嫌手足挛。

诞腹亲生子，终日惜兼怜。

第七 洗濯不净恩颂曰

本是芙蓉质，精神健且丰。
眉分新柳碧，脸色夺莲红。
恩深摧玉貌，洗濯损盘龙。
只为怜男女，慈母改颜容。

第八 远行忆念恩颂曰

死别诚难忍，生离实亦伤。
子出关山外，母忆在他乡。
日夜心相随，流泪数千行。
如猿泣爱子，寸寸断肝肠。

第九 深加体恤恩颂曰

父母恩情重，恩深报实难。
子苦愿代受，儿劳母不安。
闻道远行去，怜儿夜卧寒。
男女暂辛苦，长使母心酸。

第十　究竟怜愍恩颂曰

父母恩深重，恩怜无歇时。
起坐心相逐，近遥意与随。
母年一百岁，常忧八十儿。
欲知恩爱断，命尽始分离。

唐玄宗御注《孝经》

序

（唐玄宗）李隆基

【原文】

朕闻上古，其风朴略。虽因心之孝已萌，而资敬之礼犹简。及乎仁义既有，亲誉益著。圣人知孝之可以教人也，故因严以教敬，因亲以教爱。于是以顺移忠之道昭矣，立身扬名之义彰矣。子曰：“吾志在《春秋》，行在《孝经》。”是知孝者，德之本欤！

经曰：“昔者明王之以孝理天下也，不敢遗小国之臣，而况于公、侯、伯、子、男乎！”朕尝三复斯言，景行先哲，虽无德教加于百姓，庶几广爱，刑于四海。

嗟乎！夫子没而微言绝，异端起而大义乖。况泯绝于备，得之者，皆煨烬之末。滥觞于汉，传之者，皆糟粕之余。故鲁史《春秋》，学开五传；国风雅颂，分为四诗。去圣逾远，源流益别。

近观《孝经》旧注，踳驳尤甚。至于迹相祖述，殆且百家，业擅专门，犹将十室。希升堂者，必自开户牖。攀逸驾者，必骋殊轨辙。是以道隐小成，言隐浮伪。且传以通经为义，义以必当为主。至当归一，精义无二。安得不剪其繁芜，而撮其枢要也？

韦昭、王肃，先儒之领袖，虞翻、刘邵，抑又次焉。刘炫明安国之本，陆澄讥康成之注。在理或当，何必求人。今故特举六家之异同，会五经之旨趣。约文畅义，义则昭然；分注错经，理亦条贯。写之琬琰，庶有补于将来。且夫子谈经，志取垂训。虽五孝之用则别，而百行之源不殊。是以一章之中，凡有数句；一句之内，意有兼明。具载则文繁，略之又义阙。今存于疏，用广发挥。

【译文】

我听说上古的时候，民风非常淳朴。虽然人们孝敬父母的心已经萌动，但还没有一套完整的礼仪。后来，仁义之心和正义之道齐备了，因为孝敬亲人而受到别人赞誉的情形越来越明显。慢慢地，圣人悟出了用孝道可以感召、教化百姓，于是就根据人们孝敬父母的道理来教导人们尊敬和爱护他人，根据父母爱护子女的道理来教导人们爱护他人。因此，把对父母的孝敬和对兄长的孝悌转移到对君王的忠诚上来的道理就十分明晰和清楚，一个人建功立业扬名后世的意义就十分明显了。孔子说："我的志向是通过《春秋》反映出来的，而我的行为都体现在《孝经》里边。"可见，懂得了孝道，是一切德行的根本！

《孝经》说："古代圣明的天子是以孝道治理天下的，即便是当地位极为卑微的小诸侯国的臣属来聘问时，都给予有礼节的接待，更何况是公、侯、伯、子、男五等诸侯了。"我曾反复思索、感悟这些话，古代的贤人确实品行十分高尚，即使没有用德政来教化百姓，不久广敬博爱的风尚也会遍及四海。

唉！随着孔夫子的逝世，他的微言大义的话语就慢慢消失了，异端邪说不断高涨，而微言大义之词遭受了歪曲与排挤。况且，孔子的著作在秦始皇焚书坑儒时遭到毁灭，经过这场浩劫，存留下来的已是微乎其微了。到西汉时，孔子的学说得以广泛流传，但给孔子的著作做传或做注解的大部分质量都十分粗劣。所以，给《春秋》做注解的就有《左传》《公羊传》《穀梁传》《邹氏传》《夹氏传》五个版本，给《诗经》做注解的就有齐、鲁、韩、毛（齐国的辕固、鲁国的申培、燕国的韩婴、赵国的毛苌）四家。随着孔子时代的远去，对孔子原著的理解偏差也就越来越大。

近来，我研究了《孝经》的旧注，与孔子的其他著作相比较，发现这本书更是杂乱无章，错误百出。至于那些似是而非的注解，大概能有将近百家，由于历代专门研究孔子的机构层出不穷，那些企盼着登上学问殿堂的人必定想自立门户，急于创建与旁人不同的学说。而这些急于求成的人就像驾着乱跑的马车，马匹飞驰得越快，他离目的地越远。于是（世上）就出现了将本来简明深刻的大道理变成细碎末节的理论，不仅言语遮遮掩掩，而且尽是浮华空洞之词。况且注释的主要目的是让人看懂先哲所著的经义，而理解正确是通晓经义的前提。人们对经义的正确理解不应该是五花八门的，而应该是一致的，言简意赅的经义是不会得出不同的结论的。（我们）应该剪除那些杂乱无章的错误，进而提炼出其中的精髓。

韦昭（三国时期吴国史学家）、王肃（三国时期魏国儒家、经学家）都是前代儒家学者的典范，虞翻（三国时期吴国经学家）、刘邵（三国时期魏国思想家）仅次于以上两位学者。刘炫（隋朝经学家）对《孝经》的注释反映了孔安国（西汉儒学家）的原意，而陆澄（南北朝时期学者）却随意讥讽郑康成（东汉儒学家）的注解。对经义的理解做到合情合理并且意思准确就可以了，何必以自己的见解责备和讥笑他人呢？现在我特意列举出韦昭、王肃、虞翻、刘邵、刘炫和陆澄这六家注释的异同之处，并把五经注解的要点总结了出来。

该简略的就简略，需要发挥的就发挥，这样经义才能清楚简明。在注释的时候应该把经文和注释分开，这样就能条理清楚，并使内容连贯。把经文雕刻在玉石上，也许对后代的人会有所帮助。立孔子所著作的《孝经》，目的是使后人受到教诲。虽然天子、诸侯、卿大夫、士、庶民的孝道各有不同，但所有品行形成的根源十分相似。这样在一章之中，有的有很多句话；一句之内，又有意思相近的地方。全部记载下来会显得文章意思繁复，而去掉它们又担心经义不完整。现在保存在注疏之中，以便能更广泛地阐明《孝经》之义。

开宗明义章第一

仲尼居，（仲尼，孔子字。居，谓闲居。）曾子侍。（曾子，孔子弟子。侍，谓侍坐。）

子曰："先王有至德要道，以顺天下，民用和睦，上下无怨，女知之乎？（孝者，德之至，道之要也。言先代圣德之主，能顺天下人心。行此至要之化，则上下臣人和睦无怨。）"

曾子避席曰："参不敏，何足以知之？"（参，曾子名也。礼：师有问，避席起答。敏，达也。言参不达，何足知此至要之义。）

子曰："夫孝，德之本也，（人之行莫大于孝，故为德本。）教之所由生也。（言教从孝而生。）复坐，吾语女。（曾参起对，故使复坐。）身体发肤，受之父母，不敢毁伤，孝之始也。（父母全而生之，己当全而归之，故不敢毁伤。）立身行道，扬名于后世，以显父母，孝之终也。（言能立身行此孝道，自然名扬后世，光显其亲，故行孝以不毁为先，扬名为后。）夫孝，始于事亲，中于事君，终于立身。（言行孝以事亲为始，事君为中，忠孝道着，乃能扬名荣亲，故曰‘终于立身’也。）《大雅》云：‘无念尔祖，聿脩厥德。’”（《诗·大雅》也。无念，念也。聿，述也。厥，其也。义取恒念先祖，述脩其德。）

天子章第二

子曰：“爱亲者，不敢恶于人。（博爱也。）敬亲者，不敢慢于人。（广敬也。）爱敬尽于事亲，而德教加于百姓，刑于四海，（刑，法也。君行博爱广敬之道，使人皆不慢恶其亲，则德教加被天下，当为四夷之所法则也。）盖天子之孝也。（盖，犹略也。孝道广大，此略言之。）《甫刑》云：‘一人有庆，兆民赖之。’”（《甫刑》，即《尚书·吕刑》也。一人，天子也。庆，善也。十亿曰兆。义取天子行孝，兆人皆赖其善。）

诸侯章第三

在上不骄，高而不危。（诸侯列国之君，贵在人上，可谓高矣，而能不骄，则免危也。）制节谨度，满而不溢。（费用约俭，谓之制节。慎行礼法，谓之谨度。无礼为骄，奢泰为溢。）高而不危，所以长守贵也。满而不溢，所以长守富也。富贵不离其身，然后能保其社稷，而和其民人，（列国皆有社稷，其君主而祭之，言富贵常在其身，则长为社稷之主，而人自和平也。）盖诸侯之孝也。《诗》云：“战战兢兢，如临深渊，如履薄冰。（战战，恐惧。兢兢，戒慎。临深恐坠，履薄恐陷。义取为君恒须戒慎。）

卿、大夫章第四

非先王之法服，不敢服，（服者，身之表也。先王制五服，各有等差。言卿大夫遵守礼法，不敢僭上逼下。）非先王之法言不敢道，（法言，谓礼法之言。）非先王之德行不敢行。（德行，谓道德之行。若言非法，行非德，则亏孝道，故不敢也。）是故非法不言，非道不行；（言必守法，行必遵道。）口无择言，身无择行。（言行皆遵法道，所以无可择也。）言满天下无口过，行满天下无怨恶。（礼法之言，焉有口过。道德之行，自无怨恶。）三者备矣，然后能守其宗庙。（三者，服、言、行也。礼：卿大夫立三庙，以奉先祖。言能备此三者，则能长守宗庙之祀。）盖卿、大夫之孝也。《诗》云："夙夜匪懈，以事一人。"（夙，早也。懈，惰也。义取为卿、大夫，能早夜不惰，敬事其君也。）

士章第五

资于事父以事母，而爱同。资于事父以事君，而敬同。（资，取也。言爱父与母同，敬父与君同。）故母取其爱，而君取其敬，兼之者父也。（言事父兼爱与敬也。）故以孝事君则忠，（移事父孝以事于君，则为忠矣。）以敬事长则顺，（移事兄敬以事于长，则为顺矣。）忠顺不失，以事其上，然后能保其禄位，而守其祭祀。（能尽忠顺，以事君长，则常安禄位永守祭祀。）盖士之孝也。《诗》云："夙兴夜寐，无忝尔所生。"（忝，辱也。所生，谓父母也。义取早起夜寐，无辱其亲也。）

庶人章第六

用天之道，（春生、夏长、秋敛、冬藏，举事顺时，此用天道也。）分地之利，（分别五土，视其高下，各尽所宜，此分地利也。）谨身节用，以养父母。（身恭谨则远耻辱，用节省则免饥寒，公赋既足，则私养不阙。）此庶人之孝也。（庶人为孝，唯此而已。）故自天子至于庶人，孝无终始，而患不及者，未之有也。（始自天子，终于庶人，尊卑虽殊，孝道同致，而患不能及者，未之有也。言无此理，故曰未有。）

三才章第七

曾子曰："甚哉，孝之大也！"（参闻行孝无限高卑，始知孝之为大也。）

子曰："夫孝，天之经也，地之义也，民之行也。（经，常也。利物为义。孝为百行之首，人之恒德，若三辰运天而有常，五土分地而为义也。）天地之经，而民是则之。（天有常明，地有常利，言人法则天地，亦以孝为常行也。）则天之明，因地之利，以顺天下。是以其教不肃而成，其政不严而治。（法天明以为常，因地利以行义，顺此以施政教，则不待严肃而成理也。）先王见教之可以化民也，（见因天地教化人之易也。）是故先之以博爱，而民莫遗其亲；（君爱其亲，则人化之，无有遗其亲者。）陈之以德义，而民兴行。（陈说德义之美，为众所慕，则人起心而行之。）先之以敬让，而民不争；（君行敬让，则人化而不争。）导之以礼乐，而民和睦；（礼以检其迹，乐以正其心，则和睦矣。）示之以好恶，而民知禁。（示好以引之，示恶以止之，则人知有禁令，不敢犯也。）《诗》云：‘赫赫师尹，民具尔瞻。’”（赫赫，明盛貌也。尹氏为太师，周之三公也。义取大臣助君行化，人皆瞻之也。）

孝治章第八

子曰：“昔者明王之以孝治天下也，（言先代圣明之王，以至德要道化人，是为孝理。）不敢遗小国之臣，而况于公、侯、伯、子、男乎？（小国之臣，至卑者耳，王尚接之以礼，况于五等诸侯，是广敬也。）故得万国之欢心，以事其先王。（万国，举其大数也。言行孝道以理天下，皆得欢心，则各以其职来助祭也。）治国者，不敢侮于鳏寡，而况于士民乎？（理国，谓诸侯也。鳏寡，国之微者，君尚不敢轻侮，况知礼义之士乎？）故得百姓之欢心，以事其先君。（诸侯能行孝理，得所统之欢心，则皆恭事助其祭享也。）治家者，不敢失于臣妾，而况于妻子乎？（理家，谓卿大夫。臣妾，家之贱者。妻子，家之贵者。）故得人之欢心，以事其亲。（卿大夫位以材进，受禄养亲，若能孝理其家，则得小大之欢心，助其奉养。）夫然，故生则亲安之，祭则鬼享之，（夫然者，然上孝理皆得欢心，则存安其荣，没享其祭。）是以天下和平，灾害不生，祸乱不作。（上敬下欢，存安没享，人用和睦，以致太平，则灾害祸乱无因而起。）故明王之以孝治天下也如此。（言明王以孝为理，则诸侯以下化而行之，故致如此福应。）《诗》云："有觉德行，四国顺之。"（觉，大也。义取天子有大德行，则四方之国顺而行之。）

圣治章第九

曾子曰："敢问圣人之德，无以加于孝乎？"（曾子问明王孝理，以致和平，又问圣人德教，更有大于孝否。）

子曰："天地之性，人为贵。（贵其异于万物也。）人之行，莫大于孝。（孝者，德之本也。）孝莫大于严父，（万物资始于乾，人伦资父为天，故孝行之大，莫过尊严其父也。）严父莫大于配天，则周公其人也。（谓父为天，虽无贵贱，然以父配天之礼，始自周公，故曰其人也。）昔者，周公郊祀后稷以配天，（后稷，周之始祖也。郊，谓圜丘祀天也。周公摄政，因行郊天之祭，乃尊始祖以配之也。）宗祀文王于明堂，以配上帝。（明堂，天子布政之宫也。周公因祀五方上帝于明堂，乃尊文王以配之也。）是以四海之内，各以其职来祭。（君行严配之礼，则德教刑于四海，海内诸侯各脩其职来助祭也。）夫圣人之德，又何以加于孝乎？（言无大于孝者。）故亲生之膝下，以养父母日严。（亲，犹爱也。膝下，谓孩幼之时也。言亲爱之心，生于孩幼，比及年长，渐识义方，则日加尊严，能致敬于父母也。）圣人因严以教敬，因亲以教爱。（圣人因其亲严之心，敦以爱敬之教，故出以就傅，趋而过庭，以教敬也，抑搔痒痛，县衾箧枕，以教爱也。）圣人之教不肃而成，其政不严而治，（圣人顺民心以行爱敬，制礼则以施政教，亦不待严肃而成理也。）其所因者本也。（本谓孝也。）父子之道，天性也，君臣之义也。（父子之道，天性之常，加以尊严，又有君臣之义。）父母生之，续莫大焉。（父母生子，传体相续。人伦之道，莫大于斯。）君亲临之，厚莫重焉。（谓父为君，以临于已。恩义之厚，莫重于斯。）故不爱其亲而爱他人者，谓之悖德；不敬其亲而敬他人者，谓之悖礼。（言尽爱敬之道，然后施教于人，违此则于德礼为悖也。）以顺则逆，民无则焉。（行教以顺人心，今自逆之，则下无所法则也。）不在于善，而皆在于凶德，（善，谓身行爱敬也。凶，谓悖其德礼也。）虽得之，君子不贵也。（言悖其德礼，虽得志于人上，君子之所不贵也。）君子则不然，（不悖德礼也。）言思可道，行思可乐，（思可道而后言，人必信也。思可乐而后行，人必悦也。乐，音洛。）德义可尊，作事可法，（立德行义，不违道正，故可尊也。制作事业，动得物宜，故可法也。）容止可观，进退可度，（容止，威仪也。必合规矩，则可观也。进退，动静也。不越礼法，则可度也。）以临其民。是以其民畏而爱之，则而象之。（君行六事，临于其人，则下畏其威，爱其德，皆放象于君也。）故能成其德教，而行其政令。（上正身以率下，下顺上而法之，则德教成，政令行也。）《诗》云：‘淑人君子，其仪不忒。’”（淑，善也。忒，差也。义取君子威仪不差，为人法则。忒，他得反。）

纪孝行章第十

子曰：“孝子之事亲也，居则致其敬，（平居必尽其敬。）养则致其乐，（就养能致其欢。）病则致其忧，（色不满容，行不正履。）丧则致其哀，（擗踊哭泣，尽其哀情。）祭则致其严，（斋戒沐浴，明发不寐。）五者备矣，然后能事亲。（五者阙一，则未为能。）事亲者，居上不骄，（当庄敬以临下也。）为下不乱，（当恭谨以奉上也。）在丑不争。（丑，众也。争，竞也。当和顺以从众也。）居上而骄则亡，为下而乱则刑，在丑而争则兵。（谓以兵刃相加。）三者不除，虽日用三牲之养，犹为不孝也。（三牲，太牢也。孝以不毁为先。言上三事皆可亡身，而不除之，虽日致太牢之养，固非孝也。）

五刑章第十一

子曰："五刑之属三千，而罪莫大于不孝。（五刑，谓墨、劓、刵、宫、大辟也。条有三千，而罪之大者莫过不孝。）要君者无上，（君者，臣之禀命也，而敢要之，是无上也。）非圣人者无法，（圣人制作礼法，而敢非之，是无法也。）非孝者无亲。（善事父母为孝，而敢非之，是无亲也。）此大乱之道也。（言人有上三恶，岂惟不孝，乃是大乱之道。）

广要道章第十二

子曰："教民亲爱，莫善于孝。教民礼顺，莫

善于悌。（言教人亲爱礼顺，无加于孝悌也。）移风易俗，莫善于乐。（风俗移易，先入乐声。变随人心，正由君德正之与？变因乐而彰，故曰‘莫善于乐’。）安上治民，莫善于礼。（礼所以正君臣、父子之别，明男女、长幼之序，故可以安上化下也。）礼者，敬而已矣。（敬者，礼之本也。）故敬其父，则子悦，敬其兄，则弟悦，敬其君，则臣悦，敬一人，而千万人悦。（居上敬下，尽得欢心，故曰悦也。）所敬者寡，而悦者众。此之谓要道也。”

广至德章第十三

子曰：“君子之教以孝也，非家至而日见之也。（言教不必家到户至，日见而语之，但行孝于内，其化自流于外。）教以孝，所以敬天下之为人父者也。教以悌，所以敬天下之为人兄者也。（举孝悌以为教，则天下之为人子弟者，无不敬其父兄也。）教以臣，所以敬天下之为人君者也。（举臣道以为教，则天下之为人臣者，无不敬其君也。）《诗》云：‘恺悌君子，民之父母。’（恺，乐也。悌，易也。义取君以乐易之道化人，则为天下苍生之父母也。）非至德，其孰能顺民如此其大者乎？”

广扬名章第十四

子曰：“君子之事亲孝，故忠可移于君；（以孝事君则忠。）事兄悌，故顺可移于长；（以敬事长则顺。）居家理，故治可移于官。（君子所居则化，故可移于官也。）是以行成于内，而名立于后世矣。（脩上三德于内，名自传于后代。）

谏诤章第十五

曾子曰：“若夫慈爱、恭敬、安亲、扬名，则闻命矣。敢问子从父之令，可谓孝乎？”（事父有隐无犯，又敬不违，故疑而问之也。）

子曰：“是何言与！是何言与！（有非而从，成父不义，理所不可，故再言之。）昔者，天子有争臣七人，虽无道，不失其天下；诸侯有争臣五人，虽无道，不失其国；大夫有争臣三人，虽无道，不失其家；（降杀以两，尊卑之差。争，谓谏也。言虽无道，为有争臣，则终不至失天下，亡家国也。）士有争友，则身不离于令名；（令，善也。益者三友，言受忠告，故不失其善名。）父有争子，则身不陷于不义。（父失则谏，故免陷于不义。）故当不义，则子不可以不争于父；臣不可以不争于君；（不争则非忠孝。）故当不义则争之。从父之令，又焉得为孝乎？”

感应章第十六

子曰：“昔者，明王事父孝，故事天明；事母孝，故事地察；（王者父事天，母事地。言能敬事宗庙，则事天地能明察也。）长幼顺，故上下治。（君能尊诸父，先诸兄，则长幼之道顺，君人之化理。）天地明察，神明彰矣。（事天地能明察，则神感至诚，而降福佑，故曰彰也。）故虽天子，必有尊也，言有父也；必有先也，言有兄也；（父谓诸父，兄谓诸兄，皆祖考之胤也。礼：君宴族人与父兄齿也。）宗庙致敬，不忘亲也。（言能敬事宗庙，则不敢忘其亲也。）修身慎行，恐辱先也。（天子虽无上于天下，犹脩持其身，谨慎其行，恐辱先祖，而毁盛业也。）宗庙致敬，鬼神著矣。（事宗庙能尽敬，则祖考来格，享于克诚，故曰著也。）孝悌之至，通于神明，光于四海，无所不通。（能敬宗庙，顺长幼，以极孝悌之心，则至性通于神明，光于四海，故曰“无所不通”。）《诗》云：‘自西自东，自南自北，无思不服。’”（义取德教流行，莫不服义从化也。）

事君章第十七

子曰：“君子之事上也，（上，谓君也。）进思尽忠，（进见于君，则思尽忠节。）退思补过，（君有过失，则思补益。）将顺其美，（将，行也。君有美善，则顺而行之。）匡救其恶，（匡，正也。救，止也。君有过恶，则正而止之。）故上下能相亲也。”（下以忠事上，上以义接下，君臣同德，故能相亲。）《诗》云：‘心乎爱矣，遐不谓矣。中心藏之，何日忘之？’”（遐，远也。义取臣心爱君，虽离左右不谓为远，爱君之志常藏心中，无日暂忘也。）

丧亲章第十八

子曰："孝子之丧亲也，（生事已毕，死事未见，故发此章。）哭不偯，（气竭而息，声不委曲。）礼无容，（触地无容。）言不文，（不为文饰。）服美不安，（不安美饰，故服衰麻。）闻乐不乐，（悲哀在心，故不乐也。）食旨不甘，（旨，美也。不甘美味，故疏食水饮。）此哀戚之情也。（谓上六句。）三日而食，教民无以死伤生。毁不灭性，此圣人之政也。（不食三日，哀毁过情灭性而死，皆亏孝道，故圣人制礼施教，不令至于殒灭。）丧不过三年，示民有终也。（三年之丧，天下达礼，使不肖企及，贤者俯从。夫孝子有终身之忧，圣人以三年为制者，使人知有终竟之限也。）为之棺、椁、衣、衾而举之；（周尸为棺，周棺为椁。衣，谓敛衣。衾，被也。举，谓举尸内于棺也。）陈其簠、簋，而哀戚之；（簠簋，祭器也。陈奠素器而不见亲，故哀戚也。）擗踊哭泣，哀以送之；（男踊，女擗，祖载送之。）卜其宅兆，而安措之；（宅，墓穴也。兆，茔域也。葬事大，故卜之。）为之宗庙，以鬼享之；（立庙祔祖之后，则以鬼礼享之。）春秋祭祀，以时思之。（寒暑变移，益用增感，以时祭祀，展其孝思也。）生事爱敬，死事哀戚，生民之本尽矣，死生之义备矣，孝子之事亲终矣。（爱敬哀戚，孝行之始终也。备陈死生之义，以尽孝子之情。）

孝经刊误

朱熹（宋）

仲尼闲居，曾子侍坐。子曰：“参，先王有至德要道，以顺天下，民用和睦，上下无怨，汝知之乎？”

曾子避席曰：“参不敏，何足以知之？”子曰：“夫孝，德之本也，教之所由生。复坐，吾语汝。身体发肤，受之父母，不敢毁伤，孝之始也。立身行道，扬名于后世，以显父母，孝之终也。夫孝，始于事亲，中于事君，终于立身。《大雅》云：‘毋念尔祖，聿修厥德。’”

子曰：“爱亲者不敢恶于人，敬亲者，不敢慢于人。爱敬尽于事亲，而德教加于百姓，刑于四海，盖天子之孝。《甫刑》云：‘一人有庆，兆民赖之。’”

“在上不骄，高而不危，制节谨度，满而不溢。高而不危，所以长守贵。满而不溢，所以长守富。富贵不离其身，然后能保其社稷，而和其民人，盖诸侯之孝。《诗》云：‘战战兢兢，如临深渊，如履薄冰。’”

“非先王之法服不敢服，非先王之法言不敢道，非先王之德行不敢行。是故非法不言，非道不行，口无择言，身无择行，言满天下无口过，行满天下无怨恶。三者备矣，然后能守其宗庙，盖卿大夫之孝也。《诗》云：‘夙夜匪懈，以事一人。’”

“资于事父以事母而爱同，资于事父以事君而敬同，故母取其爱，而君取其敬，兼之者父也。故以孝事君则忠，以敬事长则顺，忠顺不失，以事其上，然后能保其爵禄，而守其祭祀，盖士之孝也。《诗》云：‘夙兴夜寐，毋忝尔所生。’”

子曰：“用天之道，因地之利，谨身节用，以养父母，此庶人之孝也。故自天子已下至于庶人，孝无终始而患不及者，未之有也。”

【此一节，夫子、曾子问答之言，而曾氏门人之所记也。疑所谓孝经者，其本文止如此。其下则或者杂引传记，以释经文，乃孝经之传也。窃尝考之，传文固多传会，而经文亦不免有离析增加之失。顾自汉以来，诸儒传诵，莫觉其非，至或以为孔子之所自著，则又可笑之尤者。盖经之首，统论孝之终始，中乃敷陈天子、诸侯、卿大夫、士、庶人之孝，而其末结之曰：故自天子以下至于庶人，孝无终始而患不及者，未之有也。其首尾相应，次第相承，文势连属，脉络通贯，同是一时之言，无可疑者。而后人妄分以为六七章（今文作六章，古文作七章），又增子曰及引诗书之文，以杂乎其间，使其文意分断间隔，而读者不复得见圣言全体大义，为害不细。故今定此六七章者合为一章，而删去子曰者二，引书者一，引诗者四，凡六十一字，以复经文之旧。其传文之失，又别论之如左方。】

曾子曰："甚哉，孝之大也。子曰：夫孝，天之经，地之义，民之行。天地之经，而民是则之。则天之明，因地之义，以顺天下。是以其教不肃而成，其政不严而治。先王见教之可以化民也，是故先之以博爱，而民莫遗其亲。陈之以德义，而民兴行。先之以敬让，而民不争。导之以礼乐，而民和睦。示之以好恶，而民知禁。《诗》云：'赫赫师尹，民具尔瞻。'"

【此以下皆传文，而此一节盖释以顺天下之意，当为传之三章，而今失其次矣。但自其章首以至因地之义，皆是春秋左氏传所载子太叔为赵简子道子产之言，唯易礼字为孝字，而文势反不若彼之通贯，条目反不若彼之完备。明此袭彼，非彼取此，无疑也。（子产曰：夫礼，天之经，地之义，民之行也。天地之经，而民实则之。则天之明，因地之性。其下便陈天明地性之目，与其所以则之因之之实，然后简子赞之曰：甚哉，礼之大也。首尾通贯，节目详备，与此不同。）其曰：先王见教之可以化民，又与上文不相属，故温公改教为孝，乃得粗通，而下文所谓德义敬让，礼乐好恶者，却不相应，疑亦裂取他书之成文而强加装缀，以为孔子、曾子之问答，但未见其所出耳。然其前段文虽非是，而理犹可通，存之无害。至于后段，则文既可疑，而谓圣人见孝可以化民，而后以身先之，于理又已悖矣。况先之以博爱亦非立爱惟亲之序，若之何而能使民不遗其亲耶？其所引诗亦不亲切。今定先王见教以下凡六十九字并删去。】

子曰："昔者明王之以孝治天下也，不敢遗小国之臣，而况于公侯伯子男乎？故得万国之欢心，以事其先王。治国者不敢侮于鳏寡，而况于士民乎？故得百姓之欢心，以事其先君。治家者不敢失于臣妾，而况于妻子乎？故得人之欢心，以事其亲。夫然，故生则亲安之，祭则鬼享之，是以天下和平，灾害不生，祸乱不作。故明王之以孝治天下如此。《诗》云：‘有觉德行，四国顺之。’”

【此一节释民用和睦，上下无怨之意，为传之四章。其言虽善，而亦非经文之正意。盖经以孝而和，此以和而孝也。引诗亦无甚失。且其下文语已更端，无所隔碍，故今且得仍旧耳（后不言合删改者，放此）。】

曾子曰：“敢问圣人之德，其无以加于孝乎？”子曰：“天地之性人为贵，人之行莫大于孝，孝莫大于严父，严父莫大于配天，则周公其人也。昔者周公郊祀后稷以配天，宗祀文王于明堂以配上帝，是以四海之内，各以其职来助祭。夫圣人之德，又何以加于孝乎？故亲生之膝下，以养父母日严。圣人因严以教敬，因亲以教爱。圣人之教，不肃而成，其政不严而治，其所因者，本也。”

【此一节释“孝德之本”之意，传之五章也。但“严父、配天”，本因论武王、周公之事，而赞美其孝之词，非谓凡为孝者皆欲如此也。又况孝之所以为大者，本自有亲切处，而非此之谓乎？若必如此而后为孝，则是使为人臣子者皆有今将之心，而反陷于大不孝矣。作传者但见其论孝之大，即以附此，而不知其非所以为天下之通训。读者详之，不以文害意焉可也。其曰故亲生之膝下以下，意却亲切，但与上文不属，而与下章相近，故今文连下二章为一章。但下章之首语已更端，意亦重复，不当通为一章。此语当依古文，且附上章，或自别为一章可也。】

子曰：“父子之道，天性，君臣之义。父母生之，续莫大焉。君亲临之，厚莫重焉。”子曰：“不爱其亲而爱他人者，谓之悖德。不敬其亲而敬他人者，谓之悖礼。以顺则逆，民无则焉。不在于善，而皆在于凶德，虽得之，君子所不贵。君子则不然，言斯可道，行斯可乐，德义可尊，作事可

法，容止可观，进退可度，以临其民，是以其民畏而爱之，则而象之，故能成其德教，而行政令。《诗》云：‘淑人君子，其仪不忒。’”

【此一节释“教之所由生”之意，传之六章也。古文析“不爱其亲”以下别为一章，而各冠以子曰，今文则合之，而又通上章为一章，无此二“子曰”字，而于“不爱其亲”之上加“故”字。今详此章之首语实更端，当以古文为正。“不爱其亲”，语意正与上文相续，当以今文为正。至“君臣之义”之下，则又当有脱简焉，今不能知其为何字也。“悖礼”以上皆格言，但“以顺则逆”以下则又杂取左传所载季文子、北宫文子之言，与此上文既不相应，而彼此得失，又如前章所论子产之语，今删去凡九十字。（季文子曰：“以训则昏，民无则焉。不度于善，而皆在于凶德，是以去之。”北宫文子曰：“君子在位可畏，施舍可爱，进退有度，周旋可则，容止可观，作事可法，德行可象，声气可乐，动作有文，言语有章，以临其下。”）】

子曰："孝子之事亲，居则致其敬，养则致其乐，病则致其忧，丧则致其哀，祭则致其严。五者备矣，然后能事亲。事亲者，居上不骄，为下不乱，在丑不争。居上而骄则亡，为下而乱则刑，在丑而争则兵。此三者不除，虽日用三牲之养，犹为不孝也。"

【此一节释"始于事亲"及"不敢毁伤"之意，乃传之七章，亦格言也。】

子曰："五刑之属三千，而罪莫大于不孝。要君者无上，非圣人者无法，非孝者无亲，此大乱之道也。"

【此一节因上文"不孝"之云而系于此，乃传之八章，亦格言也。】

子曰："教民亲爱，莫善于孝。教民礼顺，莫善于弟。移风易俗，莫善于乐。安上治民，莫善于礼。礼者，敬而已矣。故敬其父则子悦，敬其兄则弟悦，敬其君则臣悦，敬一人而千万人悦，所敬者

寡，而悦者众，此之谓要道。”

【此一节释“要道”之意，当为传之二章，但经所谓要道，当自已而推之，与此亦不同也。】

子曰：“君子之教以孝也，非家至而日见之也。教以孝，所以敬天下之为人父者。教以悌，所以敬天下之为人兄者。教以臣，所以敬天下之为人君者。《诗》云：‘恺悌君子，民之父母。非至德，其孰能顺民如此其大者乎？’”

【此一节释“至德以顺天下”之意，当为传之首章。然所论至德，语意亦疏，如上章之失云。】

子曰：“昔者明王事父孝，故事天明。事母孝，故事地察。长幼顺，故上下治。天地明察，神明彰矣。故虽天子，必有尊也，言有父也；必有先也，言有兄也。宗庙至敬，不忘亲也。修身慎行，恐辱先也。宗庙致敬，鬼神著矣。孝悌之至，通于神明，光于四海，无所不通。《诗》云：‘自西自东，自南自北，无思不服。’”

【此一节释天子之孝，有格言焉，当为传之十章（或云宜为十二章）。】

子曰："君子之事亲孝，故忠可移于君。事兄悌，故顺可移于长。居家理，故治可移于官。是故行成于内，而名立于后世矣。"

【此一节释立身扬名及士之孝，传之十一章也（或云宜为九章）。】

子曰："闺门之内，具礼矣乎？严父严兄，妻子臣妾，犹百姓徒役也。"

【此一节因上章三可移而言，传之十二章也。严父，孝也。严兄，弟也。妻子臣妾，官也（或云宜为十章）。】

曾子曰："若夫慈爱恭敬，安亲扬名，参闻命矣。敢问从父之令，可谓孝乎？"子曰："是何言与？是何言与？昔者，天子有争臣七人，虽无道，不失其天下。诸侯有争臣五人，虽无道，不失

其国。大夫有争臣三人，虽无道，不失其家。士有争友，则身不离于令名。父有争子，则身不陷于不义。故当不义，则子不可以弗争于父，臣不可以弗争于君。故当不义则争之。从父之令，又焉得为孝乎？”

【此不解经而别发一义，宜为传之十三章。】

子曰：“君子事上，进思尽忠，退思补过，将顺其美，匡救其恶，故上下能相亲。《诗》曰：‘心乎爱矣，遐不谓矣，中心藏之，何日忘之？’”

【此一节释忠于事君之意，当为传之九章（或云宜为十一章）。因上章争臣，而误属于此耳。进思尽忠，退思补过，亦左传所载士贞子语，然于文理无害，引诗亦足以发明移孝事君之意，今并存之。】

子曰：“孝子之丧亲，哭不偯，礼无容，言不文，服美不安，闻乐不乐，食旨不甘，此哀戚之情。三日而食，教民无以死伤生，毁不灭性，此圣人之政。丧不过三年，示民有终。为之棺椁衣衾而举之，陈其簠簋而哀戚之，擗踊哭泣哀以送之，卜其宅兆而安措之，为之宗庙以鬼享之，春秋祭祀，以时思之，生事爱敬，死事哀戚，生民之本尽矣，死生之义备矣，孝子之事亲终矣。”

【传之十四章。亦不解经，而别发一义，其语尤精约也。】

评 价

《孝经》自汉代以来受到历代儒家学者以及帝王的推崇，虽然其中不乏政治的原因，但《孝经》包含的思想符合人性和社会发展规律，应当把孝道思想的精华应用于社会建设中。

孝敬的美德在中国传统道德中居于“元德”与“首善”地位，宋代的儒学家们将人们应该遵循的道德规范系统总结为“八德”，即“孝、悌、忠、信、礼、义、廉、耻”，孝居于首位。可见孝在中国传统文化中的重要性。

孝敬的本义是子女“善事父母”，也就是子女怀着敬爱之心去侍奉和赡养父母。子女怎么奉养自己的父母算真正的孝呢？《孝经》将对父母的孝概括为物质上的“养”和精神上的“敬”与“祭”三个方面，即从物质上赡养父母，竭尽全力照料父母的日常生活，从精神上体贴、关心父母，让他们开心，在隆重的节日或者祖先、长辈的忌日祭祀先祖。

在古人看来，一切人际关系都是基于孝而发生的，从《孝经》的思想中看，孝生发于对父母的情感，而又不拘泥于此。在社会层面，孝敬扩展为“亲亲敬长”，即对朋友、师长、他人的孝。因此，在社会生活中，要实现“老吾老以及人之老，幼吾幼以及人之幼”，强调做一个友善的人。

孝敬在政治领域的延伸是“忠”。在古代人们普遍认为，国家犹如一个大的家，天子、君王就是天下人共同的大家庭的家长。在古人看来，人们在小家庭里孝顺自己的父母，在大家庭里就要把对父母的孝推移于君主，对君主献出自己的忠心，要以君为父而忠君，以民为本而爱民，爱国家，守礼敬业，孝忠两全。

从《孝经》中所包含的主要思想来看，孝的内涵是十分丰富的，不但指明如何处理家庭关系，还指明一个人怎样处世立行，建立功业，怎样处理个体与社会、与国家的关系。对于人们而言，这种伦理关系的处理可以说是古今未变的话题。

在新时期社会核心价值观是一种德，既是个人的德，也是一种大德，国家的德、社会的德。生活在社会中的每个人都要履行孝道，对父母、社会和

国家履行道德责任和道德义务，千百年来，经过沉积与凝练，孝已经逐步成中华民族独特的精神内涵与标志，它所表达的既是子女对父母的一种爱敬的情感，更是每个人为人处世应该遵循的基本价值准则，这种力量发挥着加固社会意识、指引人们行为的作用。

在引导人们尊敬、关爱父母的同时，孝敬思想有助于确立社会伦理。孝敬的基本伦理精神为“亲亲、尊尊、长长”（出自《礼记·大传》）。首先是“亲亲”，“亲亲”是仁爱，是孝的基础和源头。“尊尊”，“长长”，就是礼的精神，都源于孝。孝与悌是相联系的，悌的实质是“长长”，是义。仁、礼、义是孝敬文化的核心范畴。遵守孝道，则有利于建设一种长幼有序的社会秩序，从而维护社会的和谐稳定。

从更高一层的政治层面看，孝敬文化注重人的价值，强调以民为本。首先，出于对父母的爱敬，孝敬文化要求人们珍惜自己的身体，爱护自己的生命。其次，孝敬文化解读了君主的权力来源于政治责任，“民惟邦本，本固邦宁”的人本思想。最后，孝敬文化对治国者提出了修身的要求，阐述了上至天子下至庶人，都应遵守孝道，修养身心。身为至高无上的君主，也要敬爱父母，敬重兄长，爱护民众，即是对国家行孝，对黎民百姓行孝。

两千多年前，先哲就提出孝敬是社会文明的基础的思想，这是人类出于社会本性追求的结果。孝敬文化从敬爱双亲的家庭伦理角度出发，把人与人的关爱与责任推移至整个社会和国家，以孝道对待他人、对待国家甚至自然万物，最终实现人与人之间和睦亲近，维护社会和国家的稳定。

孝敬是社会和谐的前提，在新时代我们所提倡的和谐身心、和谐家庭、和谐社会，弘扬的社会主义核心价值观，正是对中华民族优秀传统文化，尤其是孝敬文化的传承和发扬。